Um químico na cozinha

Raphaël Haumont

Um químico na cozinha

A ciência da gastronomia molecular

Tradução:
Celina Portocarrero

3ª reimpressão

Copyright © 2013 by Dunod, Paris

Tradução autorizada da primeira edição francesa, publicada em 2013 por Dunod, de Paris, França

Este livro, publicado no âmbito do Programa de Apoio à Publicação 2015 Carlos Drummond de Andrade da Mediateca, contou com o apoio do Ministério francês das Relações Exteriores e do Desenvolvimento Internacional.

Cet ouvrage, publié dans le cadre du Programme d'Aide à la Publication 2015 Carlos Drummond de Andrade de la médiathèque, bénéficie du soutien du Ministère français des Affaires Étrangères et du Développement International.

 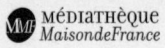

Grafia atualizada segundo o Acordo Ortográfico da Língua Portuguesa de 1990, que entrou em vigor no Brasil em 2009.

Título original
Un chimiste en cuisine

Capa
Estúdio Insólito

Foto da capa
© Bernhardi, Michael/StockFood/Latinstock

Preparação
Angela Ramalho Vianna

Indexação
Gabriella Russano

Revisão
Tamara Sender
Eduardo Farias

CIP-Brasil. Catalogação na publicação
Sindicato Nacional dos Editores de Livros, RJ

H299u	Haumont, Raphaël Um químico na cozinha: a ciência da gastronomia molecular / Raphaël Haumont; tradução Celina Portocarrero. – 1ª ed. – Rio de Janeiro: Zahar, 2016. il. Tradução de: Un chimiste en cuisine. Inclui índice ISBN 978-85-378-1539-7 1. Culinária. 2. Alimentos funcionais. 3. Tecnologia dos alimentos. I. Título.
16-29558	CDD: 613.2 CDU: 613.2

Todos os direitos desta edição reservados à
EDITORA SCHWARCZ S.A.
Praça Floriano, 19, sala 3001 – Cinelândia
20031-050 – Rio de Janeiro – RJ
Telefone: (21) 3993-7510
www.companhiadasletras.com.br
www.blogdacompanhia.com.br
facebook.com/editorazahar
instagram.com/editorazahar
twitter.com/editorazahar

Sumário

Prefácio, Thierry Marx   9

Introdução   11

1. Cozinha... Química...   17
   A culinária molecular não existe   17
   Uma cozinha tecnoemocional   19
   Uma cozinha racional   20
   Uma cozinha química?   23
   Estrutura, textura e emoções culinárias   25
   Ferramentas científicas para os cozinheiros   27
   O vinagrete em equação?   28
   Controle e inovação   30

2. Pisando em ovos!   31
   É possível cozinhar a frio?   36
   Quem foi que cozinhou?!   40
   Ajustes finais   47

3. O ovo ou a galinha? Tanto faz, cozinhemos os dois!   52
   Superfície-volume   52
   Maciez: coagulação e hidrólise   54
   Suculência: coagulação e retenção de água   58
   Cor: coagulação e mioglobina   59
   E quanto aos legumes?   60
   Temperatura e pressão, novos cozimentos...   66

4. **Entramos numa fria!** 69
   Pés e mãos atados 69
   Miolo de pão 74
   Quebradiço 75
   Percolando 78
   Um aparte e uma parte de quiche 80
   Pectinas, compotas e géis físicos 81
   Chega de gestos infundados 86
   Galantinas (fúnebres) 89
   Ágar-ágar, carrageninas e outros gelificantes "modernos" 93
   Espaguetes vegetais 96
   E406 orgânico 97
   Pérolas de sabor 98
   Dinâmica culinária 103
   A embalagem do futuro? 105

5. **Desanda, acelera, emulsiona!** 106
   Aprenda com os erros 107
   Maionese branca 112
   Maionese cozida e derivados 117
   Emulsão espumante 117
   Das texturas conhecidas às texturas inovadoras 120
   Fatias de vinagrete 123
   Musse crocante 125
   Pão de ló superfofo 127
   Por falar em chantili 128
   Bavaroise sem gelatina 132
   Massas líquidas, tomate incolor e
      outros efeitos centrífugos 133

Epílogo: Passeio na floresta vermelha   135
    Arte, ciência e cozinha   135
    Abordagem fractal   138
    Sobre arte, ciência e alta culinária   141

Créditos das ilustrações   143
Índice remissivo   144

Prefácio

GOSTO MUITO desta frase de Péricles: "Se quisermos obter alguma coisa que nunca tivemos, é preciso tentar algo que nunca fizemos." Meu encontro com Raphaël Haumont permitiu-me pôr em prática este sábio conselho. Raphaël dá ao artesão que sou a possibilidade de progredir em minhas investidas na cozinha e nas emoções por ela proporcionadas. Criamos juntos o Centre Français d'Innovation Culinaire (CFIC), fruto da colaboração original entre um cozinheiro e um pesquisador. Esse trabalho em conjunto vai além da interação "ciência-culinária" porque cria um novo elo entre o mundo do artesanato e o mundo universitário da pesquisa. O Centro está localizado no campus da Universidade Paris-Saclay.

Quando estou no CFIC, sinto-me como um filtro ativo: permeável, mas sensível. Tomo nota de tudo e guardo o que me interessa ou me intriga, depois aprofundo a ideia, busco uma base para ela, uma estrutura na qual me apoiar a fim de fazê-la evoluir. Pouco a pouco, ela assume uma identidade, como o DNA da célula que se replica e transforma para se adaptar.

O CFIC pretende ser um lugar de reflexão, um cérebro coletivo em permanente ebulição em torno de um problema principal: qual será a cozinha do futuro. Ao pesquisar conhecimentos e técnicas, o desejo do CFIC é explorar inovações revolucionárias, permanecendo fiel ao produto e sem jamais perder seu encanto. Em paralelo às nossas pesquisas, desenvolvemos ali diversas atividades: formação (contínua e profissional), diplomação (curso técnico, bacharelado, licenciatura, mestrado), difusão da cultura científica sobretudo entre estudantes (criação de "pomares moleculares" e oficinas experimentais ciência-cozinha).

A culinária é o resultado de práticas milenares. Como querer inovar a partir do nada? Criadores reconhecem que o século tem sido reinterpretado de trás para frente e que a moda nada inventou. Na minha profissão, basta se interessar pela cozinha chinesa para mergulhar na humildade, ou pelo guia culinário de Auguste Escoffier para ter a impressão de que tudo já foi explorado. Raphaël e eu acreditamos no espírito comunitário presidindo o processo de criação. A convergência de habilidades complementares, que se enriquecem mutuamente e multiplicam os pontos de vista e as metodologias, pode transformar uma ideia numa verdadeira tendência.

Enfim, é difícil dizer se a ideia, uma vez concretizada, irá perdurar ou desaparecer. Mas nós não trabalhamos com um objetivo definido. O importante para nós é dar vida a essa formidável incubadora que é o CFIC, é continuar a promover uma efervescência, a meio caminho entre a precisão técnica e a inovação culinária. Afinal, o que há de mais estimulante que abrir novos rumos?

Este livro permitirá a muitos leitores descobrir a ciência oculta por trás da culinária e de que maneira nós, cozinheiros, podemos utilizar o conhecimento para desenvolver nossas habilidades.

THIERRY MARX
Chef francês, detentor de duas estrelas do *Guia Michelin*
e um dos pioneiros da gastronomia molecular.

Introdução

O QUE É A CULINÁRIA MOLECULAR? Um químico que cozinha? Um cozinheiro que banca o alquimista? Pois bem, nem um nem outro, felizmente! O cientista trata da ciência e o cozinheiro cozinha. Só que cozinheiros e cientistas podem se tornar amigos e observar que às vezes falam a mesma linguagem, têm pontos de vista semelhantes, e que sua colaboração pode ser vantajosa. Aliás, qual dos dois trabalha num laboratório, o cientista ou o cozinheiro? Qual deles baseia seus passos em acertos e erros? Os dois! E ambos devem produzir resultados e se questionar de forma permanente a fim de propor um trabalho distinto daquele das outras equipes e se destacar. Eu sou físico-químico. Analiso materiais, trabalho com as relações entre as propriedades (macroscópicas) e a estrutura íntima (microscópica, atômica) da matéria. Os alimentos podem ser considerados matérias-primas — culinárias, sem dúvida, mas matérias-primas. Eles obedecem às leis da física, as moléculas que os constituem interagem por meio de inúmeras reações que podem ser analisadas e previstas. É legítimo que a ciência das matérias-primas se volte para a cozinha, analise as reações em pauta, estude, interprete, determine e proponha, como fazem todas as ciências. A pesquisa é fundamental e tem objetivos de longo prazo, mas também pode se destinar à utilização imediata.

Os resultados da gastronomia molecular são uma ferramenta, uma nova base de dados e conhecimentos em permanente construção, a serviço de cozinheiros entusiasmados com um enfoque inovador. A cozinha molecular, por sua vez, não tem razão de ser como "moda". É essa a ideia que vamos desenvolver aqui.

O trabalho que fazemos no Centre Français d'Innovation Culinaire demonstra que, ao contrário dos preconceitos em vigor, a culinária molecular pode levar a uma cozinha mais saudável e saborosa, que represente mais respeito pelos produtos. Prazer e bem-estar são as marcas dessa culinária livre de supérfluos. Já não existe a obrigatoriedade de usar farinha para preparar biscoitos, de ovos nos suflês, de fermento para fazer crescer o bolo, de xarope de açúcar nos sorvetes. Não há nisso qualquer passe de mágica molecular. É preciso apenas um mínimo de conhecimento, não ter medo de mudar de ideia e lançar mão de novas ferramentas técnicas. A cozinha é cada vez menos empírica, cada vez mais precisa e sempre mais atraente!

Vamos ver um exemplo. Eu descrevo e analiso o pneu de automóvel, o chiclete, a massa de pão ou um saco plástico com as mesmas ferramentas: a reologia* me ensina que, se estico um pouco um desses objetos, como o chiclete, e depois relaxo a tensão, ele volta exatamente à posição inicial: isso é elasticidade. Se levo adiante a experiência, estico o material ao ponto máximo (o que significa ultrapassar um dado valor-limite) e outra vez relaxo a tensão, o chiclete se retrai um pouco, no entanto, apresenta um alongamento residual: ele fica "molengo".

---

* Reologia: parte da mecânica que estuda as deformações e o fluxo das matérias, em especial seus limites de resistência e deformação. (N.T.)

Por fim, se eu esticar demais, ele acabará se partindo. Elasticidade, plasticidade, ruptura, três palavras e três estados para descrever o comportamento de inúmeros materiais sob tensão mecânica. Chicletes, massas de pão, pneus ou sacos plásticos apresentam esses três estados. Os valores da maleabilidade ("maior ou menor grau de 'moleza'"), as forças a se aplicar para moldar a matéria e a tensão máxima para romper os materiais são muito diferentes entre esses materiais, mas o aspecto global das curvas tensão-alongamento continua o mesmo. Para completar, devemos saber que alguns materiais jamais irão amolecer e se quebrar quando estão em estado elástico. Uma lâmina de vidro, açúcar caramelizado ou um prato, por exemplo, têm pequeno grau de extensibilidade (imperceptível a olho nu) e quebram sob tensão. Eles são materiais frágeis comparados aos que descrevemos antes, que são dúcteis.

O mais importante não são tanto essas definições exatas, mas o fato de que os ingredientes são matérias-primas – lembremos que são alimentares, mas antes de tudo são matérias-primas – cujas propriedades (mecânicas, gustativas etc.) estão condicionadas por sua estrutura interna. O caramelo quebra como vidro de silício (enquanto uma massa de pizza se alonga como um elastômero) porque suas respectivas estruturas internas se assemelham. Vidro e caramelo são sólidos amorfos, que podem ser representados como líquidos solidificados, desordenados: assim, sua estrutura interna não permite um movimento coletivo. Sob tensão, as forças de ligação se rompem e, macroscopicamente, a matéria quebra.

Ao contrário, como as macromoléculas dos elastômeros, as proteínas de glúten da massa de pizza se entrelaçam durante o endurecimento e formam uma rede elástica: as moléculas podem deslizar umas em relação às outras ao longo da direção na qual a massa é tensionada: ela estica, mas não quebra com facilidade. Depreendemos desses exemplos que tudo que conhecemos a respeito da ciência das matérias-primas pode se utilizar na cozinha e para ela ser transferido. Esse é o meu papel. Transferir conhecimento, aplicar ferramentas científicas e, sem dúvida alguma, realizar um trabalho de pesquisa essencial e aplicado.

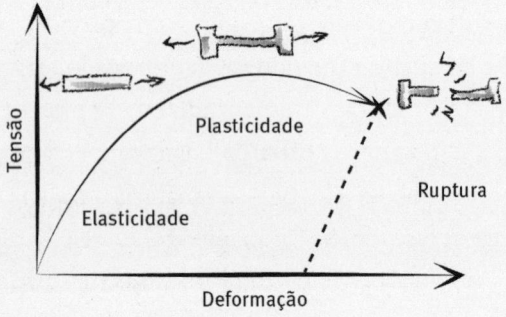

Meu trabalho de pesquisa com alimentos é realizado em estreita colaboração com um cozinheiro. Esse cozinheiro, agora um amigo, é Thierry Marx. Eu o conheci há cerca de dez anos, e isso transformou minha carreira e também minha vida. Eu terminava minha tese de doutorado sobre a estrutura das matérias-primas e ouvia esse cozinheiro falar também em estruturar e desestruturar. Sua culinária apurada, clara e precisa me fascinava tanto quanto suas palavras. Coerência total. Seu objetivo é proporcionar prazer e emoção, é "propor uma viagem diferente para um destino familiar". Esta é uma frase fantástica e também uma realidade.

Entrei em contato com Thierry. No mesmo instante, ele me propôs passar alguns dias em suas instalações, situadas, na época, em Cordeillan-Baes. Sem demora, enchi meu carro com o material de laboratório de que dispunha (centrífuga a 10 mil rotações por minuto, coluna de destilação, dissecador, medidor de pH etc.) e me pus a caminho. Instalei-me num canto da cozinha e comecei a fazer manipulações, testes de textura. A acolhida não poderia ter sido mais generosa. Campo livre, acesso a todos os refrigeradores, almoço no local de trabalho (meus mais belos momentos). Observei muito, analisei mais ainda e participei de todas as tarefas. O fim de semana prolongou-se por uma semana de "trabalho" inesquecível. A aproximação ciência-cozinha deu-se de maneira natural, por meio de inúmeros testes, perguntas, manipulações e um diálogo cada vez mais intenso com toda a equipe, benéfico para os dois lados. Thierry e eu concluímos que tínhamos um interesse comum, o de trabalhar juntos – e, sobretudo, que queríamos fazê-lo.

Nós dois temos um enfoque complementar do assunto, mas com o mesmo respeito pelo tema. A beleza da emoção culinária para um, a beleza da ciência subjacente para o outro, mas a busca da mesma beleza na matéria. E uma pesquisa, sim, um objetivo de pesquisa, um sonho de ideal e de absoluto que impulsiona tanto artistas quanto cientistas.

Este livro explica por que o chiclete fica mole enquanto o caramelo endurece e quebra como vidro. Contudo, além dessas explicações científicas acerca da culinária, vou me dedicar a demonstrar como, ao mesclar universos a priori distintos, como a universidade e o artesanato, é possível progredir de outra forma, é possível inovar e ter muito prazer com o que se faz. Eu espero transmitir essas paixões. Construímos esta obra com diversos planos de leitura: inserções "tipo cozinha" e inserções "tipo laboratório" aprofundam algumas noções, alguns complementos e receitas.

1. Cozinha... Química...

> "Os progressos da civilização caminham de mãos dadas com os da cozinha."
>
> FANNIE FARMER

A culinária molecular não existe

A culinária molecular não existe. Vamos falar claramente! A vitela ensopada da vovó é tão "molecular" quanto a última espuma da moda, assim como um suco de cenoura orgânica é tão "químico" quanto balas fluorescentes! São inúmeras as pessoas que confundem os termos "químico", "natural", "sintético", "artificial", "tóxico" etc.; e são inúmeros os cozinheiros que querem contrapor as palavras "tradicional" e "molecular". Cabe a nós mostrar e explicar isso, no sentido de se justificar e oferecer as definições corretas.

Todos os fenômenos têm uma explicação científica e racional, portanto, no fim das contas, tudo gira em torno de macromoléculas, moléculas, átomos, elétrons, nêutrons ou mesmo quarks. Para que serve, então, o adjetivo "molecular" depois de "cozinha" ou "culinária"? A expressão "cozinha molecular" é um pleonasmo, uma figura de linguagem inútil que nada acrescenta (além de alguns aborrecimentos, talvez). Com a intenção de introduzir maiores precisões (sempre inúteis), então, por que não ir mais longe e propor as denominações "cozinha atômica", "iônica" ou até "eletrônica"? Na verdade, enquanto o cozimento de uma clara de ovo é efetivamente uma questão de coagulação de proteínas, portanto, de moléculas, acrescentar sal de cozinha (NaCl) à água (se quisermos cozinhar massas, por exemplo) desencadeia fenômenos químicos complexos, acima da escala (simplesmente) molecular! A operação, ainda que de uma banalidade aflitiva, resulta no rompimento das ligações iônicas, na criação de esferas de solvatação dos íons Na^+ e Cl^-, e até na polarização local das moléculas de água, por conseguinte, na alteração da nuvem eletrônica dos átomos de hidrogênio e de oxigênio!

Então, já não se trata mais de culinária molecular, uma vez que entram em cena íons e alterações de cargas eletrônicas, e isso em escalas muito menores que a das moléculas! Você continuaria a comer essas "massas cozidas numa solução iônica" se lhe fossem apresentadas assim? Que chefe de cozinha teria interesse em listar esse prato no cardápio? A decodificação físico-química da dissolução do sal na água foi aqui detalhada de propósito, exagerada e deslocada no universo da gastronomia, mas ela sublinha o fato de que tudo são moléculas, átomos e elétrons, e que a expressão "cozinha molecular" não tem razão de ser. Então, apenas para fazer uma diferença sutil, digamos que a "cozinha molecular" é a moderna descontinuação da culinária clássica e tradicional, que seria "não molecular". Mas não há conflito entre tradição e inovação. Associar as palavras "culinária" e "molecular" é uma saída bastante infeliz, porque se ligam dois universos emocionalmente desconexos, e ainda assim racional e indubitavelmente correlacionados.

Aquela fantástica sobremesa que está chegando, com uma musse tão leve que nos comove, não passa de uma emulsão espumosa, um *coloide* concentrado em tensoativos e moléculas sápidas. Então, o que é a "cozinha molecular"? A verdadeira pergunta, muito mais apaixonante e, esta sim, realmente útil seria: por que essa musse levíssima nos comove?

Uma cozinha tecnoemocional

Mas como o cozinheiro criou aquela nuvem de framboesa? Eis a verdadeira pergunta. Como ele conseguiu provocar tanta emoção? Bem mais do que "dar de comer aos clientes" – feliz evolução de sua missão ancestral de "saciar os fregueses" –, o cozinheiro agora proporciona emoção. Não se vai mais ao restaurante só para comer, mas para descobrir a assinatura de um chef. A fim de que a refeição constitua um "momento de prazer", sem dúvida e antes de mais nada, é preciso que ela seja "deliciosa", e que o cozinheiro tenha empregado habilidade e técnica tais que transformem as framboesas naquela nuvem espumante "inesquecível".

A técnica a serviço das emoções, talvez este seja um esboço de definição para a culinária molecular, uma "cozinha tecnoemocional", como propôs Ferran Adrià.* Que seja, mas precisa haver técnica para criar aquela musse de framboesa, porque é necessário injetar ar num líquido, portanto, utilizar e manipular ampolas de gás, tubos e sifões. Também é

---

* Ferran Adrià: chef catalão conhecido por ter desenvolvido novas técnicas moleculares de culinária. (N.T.)

necessário, e até em primeiro lugar, que a espuma se forme e se conserve, ou seja, que o ar incorporado ao líquido nele permaneça para firmar a espuma. Senão, por ser muito mais leve que o líquido, o ar subirá muito depressa à superfície, e a espuma não se formará. Todos os compressores e injetores sofisticados do mundo nada podem contra isso. Cumpre então estabilizar a espuma, e portanto saber como e por que algo "vira espuma". É conveniente recorrer a algumas definições científicas simples, as únicas capazes de explicar o como e o porquê dos fenômenos.

Uma cozinha racional

Outra definição da cozinha molecular poderia indicar uma culinária reflexiva, racional, que, diante de uma aplicação concreta, quer saber por que e como "aquilo funciona". A pessoa que compreende, ou ao menos tenta compreender, o que faz, quais fenômenos se produzem quando ela prepara e associa produtos, deseja controlar, reproduzir com exatidão, se antecipar, e com isso chegar mais longe, pois pode prever e criar coisas novas. É exatamente isso que busca um grande cozinheiro: ter domínio sobre sabor, textura e todas as propriedades organolépticas de seus pratos. Mas nem aqui estamos inventando alguma coisa! Auguste Escoffier, renomado mestre de cozinha e dono de restaurante, escreveu em 1907 no prefácio de *Guide culinaire*: "Em resumo, a cozinha, sem deixar de ser uma arte, irá se tornar científica; e deverá submeter suas fórmulas, na maior parte das vezes ainda empíricas, a um método e a uma precisão que não deixarão espaço para o acaso."

Dispomos hoje de técnicas mais sofisticadas que no começo do século passado (micro-ondas, indução, ultrassom, vácuo, nitrogênio líquido etc.), mas também de novos instrumentos de análise e de conhecimentos mais aprofundados. A culinária molecular não é simplesmente a cozinha atual feita com as ferramentas e os conhecimentos da nossa época? Aliás, Hervé This* definiu-a como "um modismo culinário que lança mão de resultados da ciência e introduz 'novos' ingredientes, métodos e utensílios; o termo 'novo' é impreciso, mas designa o que não estava presente na cozinha, na França e nos países ocidentais, antes de 1980".

Um debate proveitoso consistiria em discutir o termo "modismo" e o desejo (ou não) de definir uma data marcando o advento da cozinha molecular (que subentende mais uma noção de ruptura que continuidade evolutiva). No entanto, quem fala em moda fala também do risco de estar fora de moda, e, assim, de anunciar o fim previsível dessa cozinha. Ora, estou convencido de que os avanços vieram para ficar, de que tudo o que neles há de útil continuará acompanhando os cozinheiros. Nada de fazer o máximo para ficar "na moda"! Continuemos, isso sim, o trabalho iniciado. Novos conceitos podem vir à luz, como o de *foodpairing*,** mas eles não passam de ferramentas complementares que se inscrevem no mesmo caminho de evolução da culinária pela ciência, o que nada mais é que a definição de cozinha molecular.

---

* Hervé This: físico-químico francês com pesquisas na área da culinária molecular. (N.T.)
** *Foodpairing*: método de identificar que comida combina com outra, baseado na identidade de aromas, analisada, por exemplo, pela cromatografia. (N.T.)

Seja como for, a grande maioria concorda que o acúmulo de conhecimentos e os avanços científicos reduzem o lugar do acaso na cozinha. Os progressos de Apert e Pasteur são exemplos evidentes, que demonstram o quanto a ciência ajudou a cozinha e fez com que ela evoluísse. Deixar cada vez menos espaço para o acaso, afastar-se do empirismo e saber mais. Conhecer a fundo, mas também inovar.

Inovar antes de tudo por sua arte, mas também para fazer algo diferente dos outros e sobressair. No século XIX, a Academia Francesa de Ciências propôs que a gastronomia se tornasse uma arte, "a arte da boa mesa". "A boa mesa" significava "uma boa refeição"; a "mesa" significava a quantidade, a qualidade e o preparo dos pratos. A culinária "racional" data dessa época, quando os chefs passaram a se perguntar como fazer bem, como fazer melhor, como se exceder nessa arte (com o objetivo de se destacar, de inventar sua própria assinatura). Para responder a essa pergunta é necessário: saber como e por que "as coisas funcionam" na cozinha; se informar a respeito dos produtos e suas interações; conhecer como os alimentos reagem a frio, calor, vácuo, pressão; finalmente, naquela época, recorrer a médicos e farmacêuticos, e hoje, ter acesso a dados científicos.

Os grandes chefs adquirem suas habilidades na experiência (profissional) e dominam com perfeição emulsões, espumas e cocções (iremos analisar a gelificação e a reticulação das redes de proteínas no Capítulo 2), mas talvez ignorem o que seja "realmente" emulsão, espuma e "desnaturação de proteína". O que a culinária molecular oferece a essa gente talentosa? Se racionalizarmos a cozinha e apresentarmos com precisão as chaves do conhecimento, por que uma coisa emulsiona, por que espuma, por que-como-quando cozinha, então os cozinheiros terão condições de dominar com perfeição as emulsões, espumas e cocções, e com isso nos proporão cozimentos *exatos*, com mais respeito ao (às proteínas do) produto.

Controle e inovação, eis as palavras-chave. Esse tipo de cozinha *racional*, porque ligado ao conhecimento científico, permite "ganhar tempo", evitar tentativas e erros, teimosias inúteis. Permite sobretudo chegar mais longe ao transferir e aplicar o conhecimento e as leis da física e da química ao mundo da culinária.

Uma questão se impõe. O caráter mais racional deixará menos espaço para a liberdade criativa do chef? Muito pelo contrário. Achamos que os novos conhecimentos e utensílios reservam um lugar melhor para o desenvolvimento da criatividade *por meio da inovação*. Prever o resultado de manipulações "técnicas" permite criar pratos inéditos, associar novas texturas e novos sabores. Essa é uma cozinha um pouco menos empírica, sem dúvida, porém mais criativa e sempre mais saborosa!

Uma cozinha química?

A gastronomia molecular muitas vezes é associada à culinária química, aquela que usa aditivos. Segundo essa caricatura, a cozinha se tornaria uma farmácia na qual o cozinheiro brincaria de químico mirim. Esse é um argumento fácil para os inimigos do método molecular, porém, um tanto simplista demais.

Nossas pesquisas atuais na culinária molecular versam sobre a extração natural de todas as virtudes interessantes de um produto, a fim de que o profissional não precise recorrer sistematicamente a um agente para obter textura. Esse é um trabalho importante realizado no laboratório. Nosso desejo é livrar ao máximo a cozinha de todos os artifícios e, com esse viés, produzir uma definição mais exata da culinária molecular: compreender um produto para prepará-lo melhor. Para tanto, é preciso pesquisar, capacitar-se, educar e formar.

Os cursos que ministramos para profissionais e jovens aprendizes vão na seguinte direção: mostramos como certas sementes podem servir de condimento, como uma infusão de cascas de legumes espuma naturalmente (sem recorrer a metilcelulose, sucrose ester de ácidos graxos etc.), como recristalizar o sal contido no suco de aipo, como obter o licopeno (colorante vermelho natural da abóbora e do tomate) etc.; reexaminamos nossos gestos (hábito de jogar fora as cascas, descartar as sementes, aproveitar apenas o filé do peixe e dispensar o resto, esculpir o legume, retirar as fibras centrais das verduras etc.); e voltamos à própria essência de um produto – em lugar de aprender de onde vem a melhor cenoura, é conveniente aprender de que ela é constituída, para que servem seus componentes, nutrientes, minerais, fibras, propondo uma culinária mais precisa e respeitosa dos sabores originais. Além disso, esse enfoque é biorresponsável: menos desperdício, menos energia perdida e melhor funcionamento do nosso organismo.

Vamos examinar um exemplo simples. Se cozinharmos em temperaturas exatas (de coagulação, desnaturação, hidrólise etc.), preservaremos melhor as propriedades nutritivas e organolépticas dos materiais; lembremos que as moléculas de aroma, as vitaminas e as pimentas são muito sensíveis ao calor. A cozinha assim revisitada respeita mais os produtos e também é mais saborosa. O paradoxo é que os inimigos da culinária molecular muitas vezes são os chefs que cozinham demais os legumes, em grandes ebulições, destruindo vitaminas, provocando a migração e perda dos aromas do legume para o líquido de cocção, com grande gasto de energia e de água. Outros (às vezes, infelizmente, os mesmos!) colorem o caldo de carne com cebolas queimadas (ricas em benzenos cancerígenos), ou dão forma a musses misturando clara de ovo com gelatina, usando claras em pó, cremor tártaro. No fim, quem é o químico "malvado"?

Vale mais para o consumidor saber que a musse que está comendo é constituída exclusivamente de suco de lima-da-pérsia, e que a quantidade exata de algas *kanten* produzirá em sua boca uma verdadeira explosão de sabor. Em outras palavras, para fazer uma musse não são mais necessários as claras em neve, a cocção e produtos supérfluos. Cabe voltar ao cerne do produto e ao essencial da receita. O que é uma musse? O que é cozinhar? O que é uma lima-da-pérsia? Graças a essa atitude, a cozinha se descomplica e se volta para o produto, é a favor do produto e das emoções que ele proporciona. Nesse aspecto, ela vai ao encontro da estética japonesa e do sentido de simplificação. Uma pequena pressão no traço da caligrafia, apenas um gesto, poucas palavras de um haicai, o corte exato, a dosagem precisa e o cozimento correto.

Estrutura, textura e emoções culinárias

Para dar emoção ao cliente, o cozinheiro deve apostar nas percepções organolépticas, ao justapor na mesma bocada volumes, cores, odores, sabores e texturas. O cientista, por sua vez, pode ajudar o chef a trabalhar as texturas mexendo na estrutura dos produtos, à qual elas estão estreitamente ligadas. Atenção, entretanto, para não confundir as duas coisas. Vamos dar um exemplo. Para o cientista, o chocolate é uma emulsão inversa de água dispersa numa fase gordurosa cristalizada. Visto assim, o chocolate é de uma tristeza absoluta! No entanto, a essa estrutura estão associadas duas texturas muito diferentes: enquanto alguns gostam de morder o chocolate (textura quebradiça), outros preferem deixá-lo se dissolver na boca (textura sedosa). As duas percepções não serão idênticas, mas, em ambos os casos, deve estar presente a mesma emoção: o prazer! (O prazer dado por essa emulsão inversa! Ver Figura 1, no caderno de fotos.) Aqui se articula a relação complexa entre ciência e cozinha que permite prever a textura por meio da compreensão das estruturas, com o único objetivo de proporcionar o prazer da degustação.

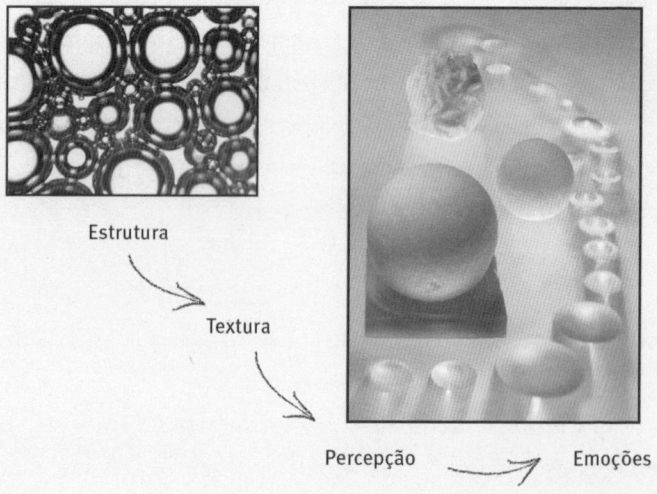

Estrutura → Textura → Percepção → Emoções

Ferramentas científicas para os cozinheiros

A cozinha, então, é físico-química. Esse é um fato que cabe formular e assumir, não é preciso se envergonhar dele. Sejam quais forem os campos, as aplicações da pesquisa científica melhoram nossa vida diária. Tudo é questão de físico-química: *smartphones* e novas tecnologias; baterias e novas energias "verdes"; ótica e vidros inteligentes; carros e tipos de pintura; revestimentos e novos materiais para o hábitat; isolamento e casas ecológicas etc. O mundo evolui com os novos conhecimentos. A cozinha não foge à regra, e sua evolução só poderá ocorrer se também lhe transferirmos novos dados. Para tanto, é preciso primeiro identificar os conceitos científicos de que necessitamos para descrevê-la.

Cozinhar consiste em transformar os alimentos. Em culinária, duas grandes categorias se destacam: o mundo vegetal (frutas, legumes) e o mundo animal (peixes, carnes, ovos). O denominador comum é a água, presente em grande quantidade em todos os alimentos. A química da água é primordial (acidez, difusão, solubilidade, absorção, permeabilidade etc.). Ao cozinhar, lidamos sobretudo com temperatura, pressão, em menor medida, e tempo. Eis nossos três parâmetros físicos intervenientes. Quando se trata de molhos (no sentido mais amplo), está presente a físico-química da matéria mole, que pode ser simplificada em três grandes categorias: espumas, géis e emulsões. De posse dessas ferramentas, descrevemos 99,99% das receitas.

O vinagrete em equação?

A abordagem molecular da culinária permite criar texturas realmente novas ao mesmo tempo que se explora um conjunto completo de dados. Não se trata, de modo algum, de padronizar a cozinha em equações, dizendo: "Vejam! Faço coisas inteligentes." Nem de tornar supercomplexos os métodos culinários sugerindo que "essa gastronomia de altos voos não está ao alcance de todos, exceto de uma elite da qual faço parte". É possível até nos desembaraçar de fórmulas, letras ou números, e apresentar tudo com esquemas, como será nossa abordagem daqui em diante. Assim, a cozinha molecular pode ser acessível ao maior número possível de pessoas.

Nas aulas de graduação e nos cursos que eu dou, sejam quais forem os "níveis" e o público ao qual me dirijo (ensino médio,

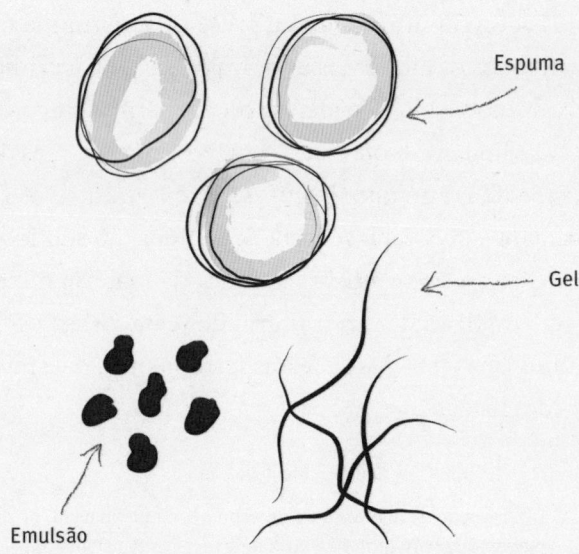

técnico, profissionalizante, bacharelado, licenciatura, formação de professores ou de cozinheiros), proponho um exercício de construção, exatamente como o chef constrói com exatidão certa textura. Para isso, precisamos de peças elementares, como as do Lego. Bastam três peças, representando espuma, gel e emulsão. O domínio desses sistemas é uma necessidade. Cumpre aprender a lidar com aquilo que se pode tornar uma ferramenta criativa de inventividade e prazer.

Assim, a espuma ou musse é uma dispersão de bolhas de gás num líquido. O primeiro tijolo será uma grande bolha, um círculo vazio. Da mesma maneira, a emulsão é uma dispersão

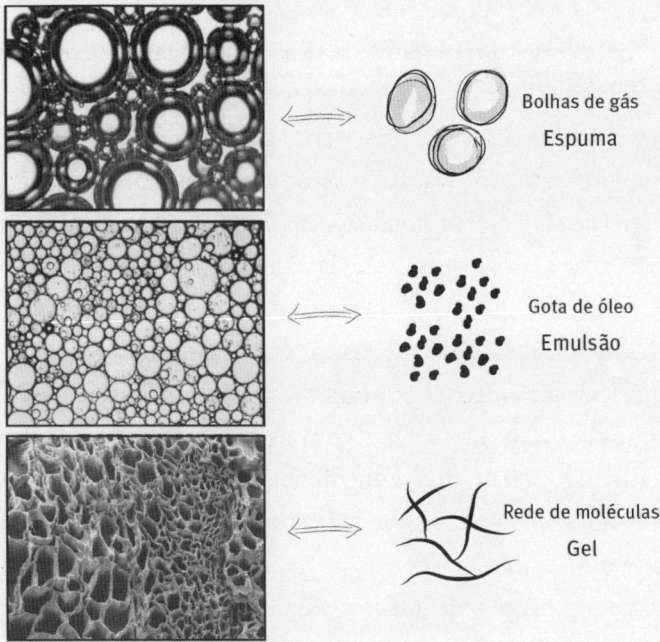

Espuma, emulsão e gel

Observação ao microscópio de espuma, emulsão e gel, e esquematização proposta para descrever esses sistemas.

de gotículas de gordura em outro líquido, e bolinhas cheias representarão essa gordura. Por fim, o gel é um líquido disperso num sólido, e a rede de moléculas gelificantes (pectina, albumina, ágar-ágar etc.) será representada por linhas entrelaçadas. Como a água está presente na maioria dos alimentos, e em grande quantidade (>75% nos peixes, >90% nos legumes, >70% nas carnes, 90% na clara de ovo), ela constituirá o fundo contínuo de nossos desenhos. Voltaremos a isso e trabalharemos com essas representações no Capítulo 5.

Controle e inovação

O controle dos preparados só se desenvolve quando se dominam os conceitos químicos aqui apresentados: uma maionese só dará certo se conseguirmos *dispersar* as gotículas de azeite na água com um *tensoativo*. Dar cor à carne é uma sutil configuração da *reação de Maillard*: proteína-açúcar-água e temperatura-tempo. Preservar a textura crocante da massa de torta é um problema de *difusão* da água. É isso que iremos ver nos capítulos seguintes.

A inovação na cozinha, portanto, consiste em entrelaçar todos esses parâmetros. Superpor texturas (emulsão espumosa, emulsão gelificada) e lidar com os parâmetros físicos (força centrífuga, efeito do vácuo, acoplamento de temperatura e pressão) sem dúvida alguma produzem pratos inéditos. Vamos falar a seguir de ovo cozido a frio, ovo quente cúbico, ravióli de vinagrete, pão de ló superfofo, cubo mágico de B52 como tira-gosto, *ganache* de chocolate sem creme de leite, musse de chocolate sem ovo nem manteiga e inúmeras outras invenções criadas no laboratório por Thierry Marx e por mim.

2. Pisando em ovos!

> "O céu é um ovo, a Terra é sua gema."
>
> ZHANG HENG

O PERFEITO COZIMENTO de um ovo é mais difícil do que parece. Esse prato ilustra de modo ímpar a metodologia da cozinha molecular tal como a concebemos. Na verdade, o exercício é simples, simplíssimo, mas quem souber cozinhar um ovo controlará albuminas e proteínas, e assim saberá cozinhar da maneira correta um peixe e uma carne – também essencialmente compostos de proteínas e água. Passemos aos detalhes. Pela própria essência, a perfeição é subjetiva, de modo que meu ovo cozido "perfeito" talvez não seja aquele que você idealiza.

Eis a minha versão para "ovo mimosa".

- Em primeiro lugar, quero que a gema esteja perfeitamente centralizada quando eu cortar o ovo ao meio. Com muita frequência, a gema fica fora do centro, pende mais para um lado, o que torna a clara frágil naquele ponto. Daí o papel da folha de alface nas entradas: ela camufla e impede a oscilação desse ovo desequilibrado!
- Além disso, muitas vezes o ovo fica seco e arenoso porque cozinhou demais. Aliás, quem nunca quase engasgou com um sanduíche de ovo cozido?

- Ora, se a gema está cozida demais, a clara também está: um ovo cozido que quica na mesa talvez seja engraçado, mas na boca é um chiclete!
- Quarto critério: eu gostaria de evitar o contorno esverdeado ao redor da gema.
- Quinto critério: o cheiro do ovo (convenhamos que há perfumes ambientes mais agradáveis para receber os convidados!).
- Por fim, sexto critério: de vez em quando se percebem na clara as marcas das unhas da pessoa que lutou para tirar a casca, de tão difícil que pode ser descascar o ovo!

Seis critérios, e trata-se apenas de um ovo! Podemos configurar a trajetória de um robô para descer em Marte (a mais de 50 milhões de quilômetros da Terra), mover-se sobre a superfície à base de energia solar, recolher amostras de rocha e analisá-las *in sito*, antes de nos enviar os dados coletados para cá, onde dominamos à perfeição todos os parâmetros, temperatura-pressão etc. Mas somos incapazes de cozinhar direito um ovo – composto apenas de água, proteínas e um pouco de gordura – em nossa casa na Terra, sob pressão atmosférica! Então, o que fazer?

Em sua obra *Fisiologia do sabor*, Anthelme Brillat-Savarin escreveu que "a descoberta de uma nova iguaria faz mais para o gênero humano que a descoberta de uma estrela". Quanto a mim, acho que não se deve renunciar nem à conquista do espaço nem à dos ovos cozidos! É desolador o fato de conseguirmos controlar todos os parâmetros num acontecimento a milhões de quilômetros de nós, enquanto estamos reduzidos a trabalhar só com palpites aqui mesmo na cozinha!

O OVO EM ALGUNS NÚMEROS

A *casca* do ovo representa cerca de 10% do seu peso total. Ela é composta de carbonato de cálcio e magnésio, e de matérias orgânicas. Em outras palavras, trata-se majoritariamente de calcário, daí ela dissolver em vinagre. Você já observou um ovo sem casca? Coloque o ovo cru no vinagre branco e espere várias horas: a casca vai se dissolver, e o ovo se manterá em forma, seguro apenas pela fina membrana externa. Você verá o ovo em transparência.

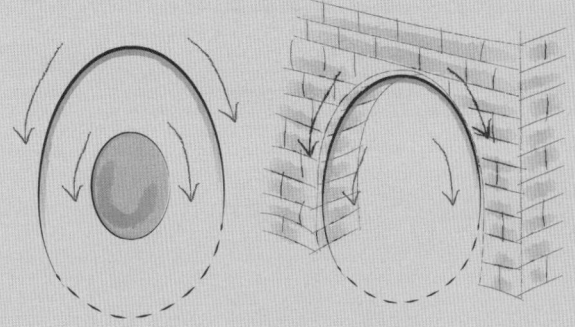

A estrutura porosa (cerca de 8 mil poros) da casca deixa passar o ar, a umidade e a maioria das moléculas aromáticas. Em culinária, utiliza-se essa propriedade para perfumar ovos frescos conservando-os num preparado de trufas, por exemplo. A forma do ovo não deixa de lembrar as abóbadas das catedrais e dos viadutos. Pois é exatamente essa forma "ovoide" que garante uma ótima distribuição de cargas e uma boa resistência à tensão mecânica.

A *clara* representa dois terços do ovo. Compõe-se de cerca de 90% de água e 10% de proteínas, entre as quais a mais abundante é a ovalbumina. Essas albuminas se encontram também em carnes e peixes, em coexistência com outras proteínas, como o colágeno.

Quando quebramos o ovo, percebemos duas zonas distintas de clara: uma parte espessa ao redor da gema e uma parte menos viscosa que escorre em torno da primeira. Essas duas regiões coagulam respectivamente a 62° e 65°. De um lado a outro da gema, encontram-se filamentos proteicos densos chamados calazas que unem a gema à clara.

A *gema* se decompõe em 50% de partículas finas sólidas e 50% de líquido contendo 50% de água e 50% de proteínas e lipídios. Os lipídios são moléculas de colesterol e fosfolipídios de propriedades emulsificantes (como a famosa lecitina). A gema só coagula em torno de 68°, mas, diluída em água ou leite, coagula em torno de 80-85°. Em confeitaria, sabe-se que o creme de ovos não deve ser cozido acima de 82°. Uma sábia precaução a respeitar se desejamos evitar a formação de grânulos sólidos.

Assim, ou continuamos a colocar o ovo numa panela de água fervente por dez minutos e vamos botar a mesa ou abrir o vidro de maionese (se não conseguimos fazê-la sem desandar), ou voltamos para perto da panela e começamos a nos perguntar se uma temperatura de 100° é adequada, e se a duração ideal é mesmo de dez minutos. Afinal, será que não seria melhor deixar por nove minutos? Oito minutos? Sete minutos? Noventa e cinco graus? Noventa? Começar com água fria? Com água quente? Ah, e aquela pitada de sal ou de vinagre que alguns preconizam, realmente funciona? E mais, devemos deixar esse ovo navegar ao sabor das ebulições, ou, ao contrário, manipulá-lo durante a cocção? Enfim, façamos perguntas: por que e como ele cozinha?

Esse é o método da culinária molecular: compreender os fenômenos que se produzem na cozinha para controlar melhor os preparos. Não se trata de colocar a cozinha em equação nem de se tornar doutor em cozimento de ovos, mas apenas de compreender um mínimo a fim de fazer melhor, e talvez de um jeito diferente do que aprendemos nos livros de receitas ou de ouvir dizer. Assim, teremos mais prazer em fazer e mais prazer em degustar. Possuir os códigos-chave para criar e inovar permite dar livre curso à imaginação. A julgar pelos resultados muitas vezes catastróficos, respeitar os dez minutos a 100° não parece em absoluto a garantia de se cozinhar bem o ovo. Então, por que continuar com isso? Como fazer melhor?

A pergunta a ser feita é sob que temperatura o ovo "realmente" cozinha. Um cozimento exato evitará o contorno esverdeado (formação de sulfeto de ferro por cocção excessiva), a gema arenosa (o excesso de cocção elimina a água e resseca a gema), a clara borrachuda (mais uma vez, o excesso de cocção provoca a degradação das proteínas, o que libera sulfeto de hidrogênio, gás conhecido em química pelo cheiro de ovo podre). A temperatura exata é o ponto crucial de muitos preparados.

De modo geral, cozinhamos a temperaturas altas demais, tanto os legumes quanto peixes ou carnes. A explicação é ao mesmo tempo histórica e prática. Histórica, em primeiro lugar, porque antigamente tínhamos necessidade de tornar os produtos próprios para o consumo: deixar ferver e cozinhar por muito tempo destruía a maior parte dos germes. Prática, em segundo lugar, porque, quando a água ferve, sabemos que o meio está exatamente a 100°. Cozinhar a exatos 72° seria bem mais difícil com os utensílios de que geralmente dispomos!

Hoje, contudo, as matérias-primas são cada vez mais saudáveis, e os sistemas de armazenamento, cada vez mais rápidos. Cozinhar para tornar saudável não tem muita razão de ser. Da mesma forma, a temperatura de cocção pode ser muito mais exata caso se ofereçam utensílios equipados de termômetros, aparelhos de banho-maria e todos os outros materiais de precisão empregados diariamente nos laboratórios de química e, para nossa felicidade, "roubados" por alguns grandes chefs. Esse equipamento próprio seria de grande ajuda na casa de todo mundo! O que esperam os fabricantes de eletrodomésticos para nos propor materiais adequados?

É possível cozinhar a frio?

A clara é líquida, translúcida e amarelada. Uma vez cozida, será sólida, opaca e branca. Essas características macroscópicas mutantes são o sinal de inúmeras alterações na estrutura interna da matéria. Será mesmo necessário aquecer para obter essas reações? Despejemos álcool de farmácia (etanol) sobre uma clara de ovo crua e observemos. Façamos o mesmo com a gema e misturemos um pouco. E então? Toquemos os recipientes: estão frios! Pois é, acabamos de "cozinhar" um ovo à temperatura ambiente e em alguns segundos! Estamos muito longe dos dez minutos a 100°! A textura da gema parece demais a dos ovos mexidos que obteríamos da maneira clássica, aquecendo! Essa experiência, embora simples, intriga e suscita um sem-número de perguntas. O que significa realmente "cozinhar"? Por que prosseguir ensinando a falsa equação "cozinhar = aquecer"?

Esses ovos mexidos a frio têm futuro? Eles já encontraram uma finalidade gastronômica. Quando mostrei a experiência a Thierry Marx, no mesmo instante ele pensou em reinterpretar o Porto-Flip. Esse coquetel, que foi moda nos anos 1950, é composto de vinho do Porto, conhaque e uma gema de ovo. Depois de sacudir a mistura, obtém-se um coquetel licoroso, levemente espesso. A gema de ovo, na presença do álcool, começa a coagular. É isso que faz o preparado engrossar. Aliás, ele lembra a textura do creme inglês, obtido por coagulação precisa (se a temperatura é muito baixa, a gema não coagula, e o creme fica líquido demais; se, ao contrário, ela é superior a 82°, a gema cozinha em excesso, se torna granulosa, e o creme inglês desanda). Assim, destilamos grandes quantidades de vinho do Porto e conhaque para extrair os vapores ricos em álcool e o aroma – que, em perfumaria, são as chamadas "notas de saída".

Os aromas mais sutis são também os mais sensíveis ao calor. Trata-se na verdade de moléculas orgânicas frágeis. Quando aquecemos um preparado, são esses os aromas que evaporam em primeiro lugar (os outros, mais pesados, continuam presentes e constituem as "notas de coração" e as "notas de fundo"). Uma observação, aliás, a respeito de flambagens: não flambe bebidas boas e caras, sob pena de só flambar muito dinheiro! Sua casa ficará bem perfumada, mas aí está a tragédia: você jamais comerá essas boas moléculas que evaporaram!

Felizmente, graças a uma técnica de destilação (na falta disso, seria possível também fabricar uma tampa hermética e isolar os vapores para depois liquefazê-los), chegamos a "recuperar" esses aromas e a reintroduzi-los no prato. Assim, o Porto e o conhaque destilados contêm etanol suficiente para provocar a coagulação quase instantânea dos ovos, mantendo ao mesmo tempo os sabores mais delicados dessas grandes safras. O chef poderá "cozinhar" a gema de ovo sem fogo diante dos convidados, sobre uma mesinha auxiliar, e depositar o creme sobre uma torrada amanteigada, acompanhada de um pouco de flor de sal, cebolinha ou qualquer microvegetal (ver Figura 5). Conhecíamos a omelete, o ovo mexido, poché ou escaldado, estalado, quente, em caçarola. Agora, aqui está uma nova textura: um ovo cru com textura de ovo mexido. Esse prato é um exemplo, entre outros, que demonstra como uma experiência insípida de laboratório num canto de bancada (proteína, etanol, coluna de destilação) pode se tornar um prato atraente e original, presente no cardápio de muitas estrelas, desde que, claro, cientistas e cozinheiros trabalhem em sinergia.

A COZINHA CHEIA DE NOTAS DE SAÍDA

Que tragédia tudo cheirar tão bem enquanto você cozinha! Pois é, tantas moléculas voláteis dissipadas no ar e que você jamais comerá! Conforme o tamanho e a estrutura química, os aromas são mais ou menos voláteis. A maioria deles é frágil à temperatura ambiente (25°) e pouco resistente aos raios ultravioleta, daí sua conservação em lugares frescos e secos, ao abrigo da luz. Você perceberá que as mesmas recomendações sobre conservação são feitas para perfumes, medicamentos e, de modo mais geral, para a maioria dos compostos orgânicos.

Quando se aquece um álcool, os vapores de etanol se formam em primeiro lugar (a temperatura de ebulição do etanol puro situa-se em torno de 78°), levando com eles as moléculas mais sensíveis.

Um alambique

Falamos em notas de saída de um perfume quando a vaporização se dá à temperatura ambiente. Assim, quando você cozinha ou flamba qualquer preparado, muitas vezes perde as notas de saída mais sutis. Como podemos recuperá-las para reintroduzi-las no prato? Utilizamos o equivalente a alambiques, que são utensílios desenvolvidos para destilar e separar os produtos de acordo com suas temperaturas de ebulição.

Quando virão as tampas herméticas nas panelas e frigideiras que nos permitirão recuperar esses aromas voláteis? Essa técnica é igualmente utilizada em perfumaria para extrair os óleos essenciais por condução a vapor (como no caso da lavanda). Os líquidos são colocados numa cuba, que é então aquecida. Na saída da cuba há um longo tubo recurvado e resfriado com água. Ao entrar em contato com as paredes frias, os vapores se liquefazem e caem num recipiente. Assim, se levarmos à ebulição uma mistura água-álcool (cidra, vinho, fruta macerada), a evaporação começa aos 78°. Enquanto se mantém a ebulição, isolamos a fase alcoólica, que formará a aguardente. A temperatura de ebulição aumenta

> progressivamente; a quantidade de água que evapora também aumenta. No final do processo, só resta na cuba a fase aquosa. Por exemplo, um conhaque com 40% de volume de álcool poderá ser separado em dois líquidos: uma fase muito rica em etanol contendo os aromas leves e solúveis em etanol, e outra fase (cerca de 60%) contendo apenas água rica em taninos e outros aromas não voláteis.
>
> Nessa "água de conhaque", um chef pode "ferver" peras e oferecer frutas em conhaque, mas sem álcool! Quando nos apropriamos de determinadas técnicas científicas, podemos oferecer inovações culinárias como peras ao vinho sem (os malefícios do) vinho, e ovos mexidos no Porto-Flip sem cozinhar por aquecimento!

Quem foi que cozinhou?!

Observemos os ovos ao etanol e vejamos o que aconteceu. A clara do ovo contém cerca de 90% de água e 10% de proteínas, majoritariamente compostas de ovalbuminas. Os termos "cerca de" e "majoritariamente" não são provas de imprecisão ou inexperiência. Justificam-se pelo fato de que é preciso sempre simplificar e padronizar os sistemas para estudá-los. O cientista deve ter consciência das simplificações que faz e das condições que vigoram dentro dos limites que ele se impõe. Sempre haverá tempo, depois, para entrar em detalhes e estudar os fenômenos "de segunda classe" (naturezas bioquímicas das diferentes proteínas, interações, efeito das enzimas e bactérias).

Pisando em ovos!

Aquecimento

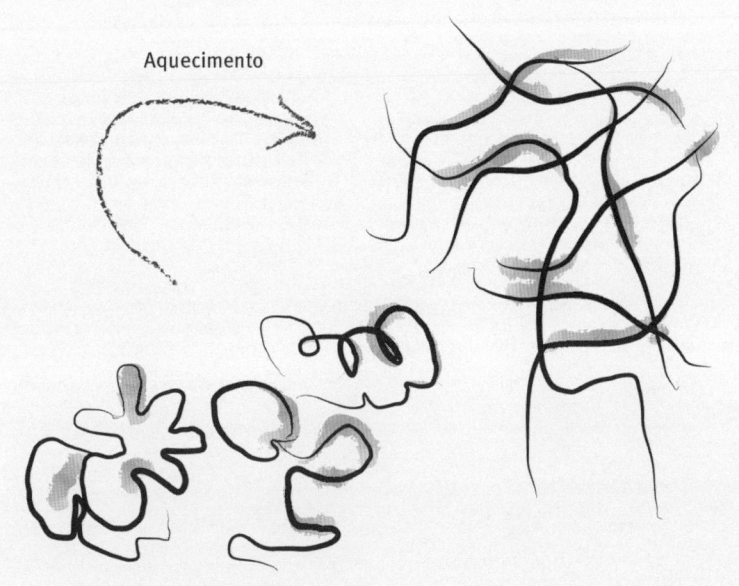

Proteína da clara

Nesse estágio de nossa reflexão, representemos a clara por grandes proteínas (10%) dispersas na água (90%). Essas proteínas são moléculas volumosas e enroladas sobre si mesmas (esse é o *padrão de conformação* das proteínas). Por conseguinte, elas têm dificuldade de se movimentar umas entre as outras e se atrapalham. Isso explica por que o líquido é viscoso. Imaginem grandes bolas de lã para representá-las. Com o calor, as bolas começam a se desenrolar (*desnaturação*). Com temperatura alta o suficiente, e portanto com mais energia, podem se formar ligações (*coagulação*): os grandes ramos de moléculas, como braços, vão se agarrar e se unir. As "mãos" das proteínas na verdade são átomos de enxofre, e se estabelecem verdadeiras ligações químicas.

COAGULAÇÃO

No processo de "cozimento", sob efeito da temperatura, as proteínas se desenrolam e mudam de forma (de conformação). Esse mecanismo permite criar novas afinidades químicas em diferentes locais só agora disponíveis.

De modo concreto, na ovalbumina há regiões hidrófobas (que não gostam de água) e regiões hidrófilas (que adoram água). Como as proteínas são solúveis em água, as partes "que adoram a água" estão em contato com ela, enquanto as regiões hidrófobas se protegem da água: as moléculas são "enroladas" sobre si mesmas, e o sistema é globalmente estável.

No âmago das moléculas, existem ligações chamadas intramoleculares. Ao fornecer energia (química ou térmica), podemos forçar as moléculas a se desenrolar.

As regiões hidrófobas das moléculas se encontram em ambiente instável, de modo que preferem se associar entre si para minimizar a repulsão ao meio externo, criando assim ligações intramoleculares. Esse é o começo da coagulação.

Essa reação em cascata dá origem a toda uma rede de moléculas interligadas. As ligações podem ser fortes, provocando às vezes rearranjos irreversíveis. Assim, a clara de ovo não pode ser "descozinhada", enquanto a geleia (de pectina) pode voltar ao estado líquido. As moléculas interagem e, sob determinadas condições, podem formar novas estruturas. O etanol, a acidez ou o calor são parâmetros importantes e influentes nessa reatividade que tanto o químico quanto o cozinheiro devem dominar. Aliás, quando cozinhamos demais o ovo, as ligações químicas em parte se rompem, liberando átomos de enxofre e o tão característico cheiro desagradável.

Quando ocorre a coagulação, forma-se uma rede sólida na qual a água (da constituição) é aprisionada. Nesse caso, falamos em gel. Do estado líquido, no qual cada bola podia se mover mais ou menos livremente, passamos ao estado sólido, no qual tudo se torna ligado e interdependente. A palavra "gel" não é uma maneira de falar, e ela lembra as gelatinas e geleias de frutas. No caso das geleias, são as pectinas (polissacarídeos) que se liberam da polpa dos frutos sob o efeito do calor (cocção da geleia) e que, no resfriamento, também constituirão uma rede. O mundo dos géis é fascinante e será tema do Capítulo 4.

POLÍMEROS, POLIMERIZAÇÃO, POLISSACARÍDEOS, POLIPEPTÍDIOS, POLI...

Os polímeros constituem toda uma família de moléculas e materiais.

Um polímero é a reunião de diversas moléculas, idênticas e interligadas de maneira mais ou menos linear. Uma imagem simples consiste em imaginar um colar de pérolas. Cada pérola é uma molécula, chamada monômero (entidade de repetição).

A montagem espacial (seja ela linear, como um colar, bidimensional como um tecido, ou tridimensional) leva o nome de "reticulação". A reticulação depende diretamente do número de ligações que cada molécula pode formar com suas vizinhas. Por exemplo, diversas moléculas de glicose reunidas formam um polissacarídeo bem familiar, o amido.

A palavra "polissacarídeo" pode parecer complexa, mas significa apenas "diversos açúcares", assim como um polipeptídio será uma proteína formada por diversos aminoácidos.

Açúcar (glicose)

Amido

C: Átomo de carbono
O: Átomo de oxigênio
H: Átomo de hidrogênio

Assim, várias dezenas ou vários milhares de entidades iguais formam uma construção de propriedades físicas diferentes daquelas da molécula isolada. Essa é a razão pela qual o amido não é diretamente assimilável pelo organismo (fala-se em açúcar lento), enquanto a glicose, a entidade de repetição, é um açúcar rápido, porque, por seu tamanho e sua química, passará para o sangue com facilidade e rapidez. A enzima contida na saliva (a amilase salivar, ou ptialina) é uma espécie de tesoura molecular que vem romper as cadeias de moléculas e quebrar o polímero; as frações obtidas são assimiláveis. A digestão consiste em cortar as longas cadeias ingeridas (polissacarídeos, proteínas, ácidos graxos) e tornar solúveis os nutrientes nas mucosas, sob a forma de açúcares, aminoácidos e ácidos graxos elementares.

No dia a dia, encontramos os polímeros em policloretos de vinila (PVC), nas poliamidas ou ainda no politereftalato de etileno (PET) presente em grande número de recipientes de plástico.

Pisando em ovos!

> Os elastômeros formam uma subfamília de polímeros obtidos a partir da borracha natural ou sintética. Cada polímero contém cerca de 20 mil unidades. Esses materiais suportam enorme deformação mecânica. Encontramos tais propriedades nas gomas. O chiclete possui a faculdade de se deformar sob leve tensão porque sua estrutura molecular é muito parecida com a da borracha!
>
> **Caso de um polímero linear (a borracha, por exemplo), à esquerda, e de um polímero muito reticulado (como o poliéster), à direita.**
>
> Pela configuração química das moléculas iniciais, os polímeros formados têm propriedades mecânicas diferentes.

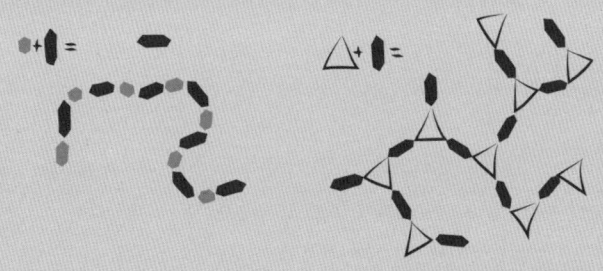

Para a clara de ovo, o fenômeno de gelificação pode se dar pela elevação da temperatura (aumento da agitação térmica e da consequente carga de energia), mas também sob condições químicas especiais, capazes de favorecer o desenrolar das proteínas, induzindo a coagulação. O etanol é um meio propício para isso, assim como o meio ácido. Todos nós já fizemos a experiência do suco de limão ou de uma marinada acidificada sobre o peixe cru, que tende a cozinhá-lo até dentro da geladeira! De translúcido e macio, o peixe torna-se opaco e rijo, ao menos na superfície, onde o contato com o ácido é mais forte.

Exatamente como o ovo no álcool! Mesmos fenômenos, mesmas causas... Podemos "cozinhar" com álcool, com ácido, ou com calor, desde que "cozinhar" ainda signifique alguma coisa! Por isso falaremos mais de coagulação que de cozimento, para sermos rigorosos (embora seja mais simples dizer "cozinhar a termostato 7" que "fazer coagular o peru com calor rotativo"!).

Então, a que temperatura se dá a coagulação? A 62° para a clara de ovo, a 68° para a gema. A fim de medir com tamanha precisão a temperatura, empregamos no laboratório banhos-maria ao décimo de grau, e bancos Köfler, espécie de conjunto de pequenas réguas térmicas que variam continuamente entre 50° e 250°. Desse modo, lemos com facilidade a temperatura na qual a clara de ovo se torna branca e sólida.

Essa ferramenta também é muito útil para quantificar o cozimento de uma carne: selada, malpassada, rosada, ao ponto, bem-passada; ou ainda para medir com exatidão as temperaturas de fusão e caramelização dos açúcares. A conclusão definitiva é que não se deve de modo algum cozinhar o ovo a 100°! A coagulação se acelera demais, e isso que faz com que, em termos de estrutura, a rede de proteínas se reticule muito. A textura final será elástica e borrachuda.

Além disso, sabendo que a água evapora a 100° e que a clara contém muita água, podemos prever que a água da clara vai evaporar se mergulharmos o ovo numa panela de água fervente. Logo abaixo da casca, basta que um pouquinho de água se transforme em vapor para aumentar a pressão dentro do ovo. Ele vai resistir até o momento em que a casca não conseguir mais conter essa pressão extra e ceder. A pitada de sal, a colher de vinagre ou qualquer outro "segredinho" não exercerá qualquer efeito sobre esse dado físico: 1 grama de água se transforma em cerca de 1 litro de vapor d'água! Um ovo, que contém cerca de 35 gramas de água, é portanto suscetível de liberar cerca de 35 litros de vapor, ou seja, cerca de 35 bolas de gás! Uma verdadeira bomba! Isso explica por que um ovo no micro-ondas é exatamente... uma bomba! O vapor se produz instantaneamente, no centro do ovo, cuja pressão sobe, fazendo com que ele exploda com violência. Cuidado com a cozinha molecular!

Em resumo, se desejamos cozinhar um ovo, sem dúvida será preciso ultrapassar o tempo de coagulação da gema, mas não cozinhar demais a clara (75° são suficientes). Para os ovos quentes, ficaremos entre 62° e 68°, conforme desejemos uma gema mole ou mais dura, tipo "massa de modelar".

Então, assim como há ofertas de vinhos, águas minerais, cafés e pães nos grandes restaurantes, poderíamos ter ofertas de ovos! A 63°: clara levemente coagulada, gema líquida. A 65°: ovo perfeito para alguns grandes chefs, com um belo compromisso entre o cozimento adequado da clara e uma gema mole e bem viscosa (ideal para molhar o pão!). A 68°: clara mais firme, porém ainda macia, e a gema apenas firme. Qual é a sua preferência? Todas as texturas intermediárias são possíveis, grau a grau, desde que, evidentemente, se esteja bem equipado com um aparelho de banho-maria, ou um forno munido de regulador térmico de precisão!

Ajustes finais

A duração do cozimento do ovo altera também seu aspecto final, pois a termodinâmica nos ensina que há um compromisso entre tempo e temperatura. Por exemplo, testes demonstram que 90 minutos de cocção a 62° são equivalentes a 45 minutos a 64°, ou a 30 minutos a 66°. Podemos apresentar os resultados em uma tabela, tendo como linha e coluna, respectivamente, a temperatura e a duração do cozimento.

Só nos resta resolver o problema da gema centralizada para obter o ovo mimosa "perfeito". A fim de obter uma gema centralizada depois do cozimento, é preciso saber onde está a gema no ovo cru. Na verdade, se ela já estivesse no meio, seria conveniente inventar um sistema que cozinhasse o ovo sem tocar nela, como uma caixa de ovos metálica mergulhada na panela. Infelizmente, não é isso que acontece! Só nos restam duas possibilidades: ou a gema está na parte de baixo e desce, porque é mais pesada que a clara, ou está na superfície e boia, porque, pelo contrário, é mais leve. Deixaremos de lado a terceira hipótese, às vezes proposta, que consiste em dizer que "depende, porque a gema se move". Na verdade, se há movimento, é preciso que existam forças externas agindo sobre o ovo, e, portanto, fornecimento de energia (mas por quem, ou pelo quê?).

Para responder à pergunta acerca de onde está a gema, eis uma experiência simples: com a ajuda da ponta de uma faca, tiremos um pouco da casca do lado superior do ovo e observemos onde está a gema. Outra possibilidade consiste em quebrar vários ovos separando as claras das gemas. A seguir, num recipiente estreito, colocamos várias claras e uma única gema e observamos se ela flutua, desce ou navega (não custa nada verificar!) por entre as claras.

Ora, a resposta é uma só: a gema flutua. Poderíamos prever esse resultado? A clara contém 90% de água, e a gema, só cerca de 50%; fosfolipídios (entre eles a lecitina) e matérias gordas (alguns falam no "mau colesterol" contido na gema) constituem os outros 50%. Então, como o óleo flutua sobre a água, a gema flutuará sobre a água! Entretanto, duas particularidades se impõem. Em primeiro lugar, levando em consideração inúmeros outros componentes (fosfolipídios, proteínas de pesos moleculares diversos etc.), as diferenças de densidade continuam pequenas. Se a gema flutua sobre a clara, ela desce na água! Em experiências realizadas "fora da casca", mediu-se que a densidade da clara é algo em torno de 1,1, a da gema, cerca de 1,05, enquanto a densidade da água é de 1 (ver figura ao lado). Em segundo lugar, se fizermos a experiência com um ovo superfresco, a conclusão será menos precisa.

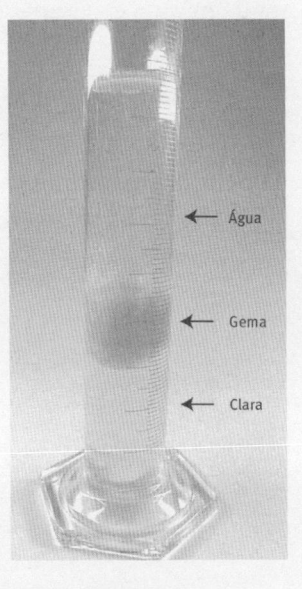

Desta vez, cabe entrar em detalhes para dar uma resposta completa. O cientista fala de raciocínio de segunda ordem (a primeira ordem desvenda uma questão, enquanto a segunda detalha nuances e sutilezas). Num ovo fresco, a calaza (rede de fibras semelhante a uma mola) mantém a gema do ovo no centro da clara. Com o tempo e a ação de enzimas presentes na clara, a calaza é destruída. Agora solta, a gema migra para a superfície, pela sua densidade. A bolsa de ar também tem volume maior num ovo de vários dias, pois com o tempo a água evapora através da casca e é progressivamente substituída por ar. Assim, sempre em decorrência da densidade, se o ovo subir à superfície de uma panela cheia d'água, isso é sinal de que não está fresco. Mas então, como recolocar a gema no centro do ovo durante a cocção? Simplesmente girando o ovo sobre si mesmo. A cada volta dada, a gema tenta subir à superfície, passando necessariamente pelo meio. Com a ajuda do calor, a clara coagula e prende a gema no centro do ovo. Os primeiros minutos de cozimento são primordiais para garantir a coagulação regular da clara em relação à borda da casca e bloquear a gema no centro.

Você pode testar isso sozinho. Coloque ovos crus provenientes da mesma caixa em duas panelas com água que começam a ferver. Numa delas, deixe os ovos navegarem à vontade (eles constituem o grupo de controle). Na outra, com a ajuda de duas colheres de pau, gire os ovos sobre eles mesmos durante os cinco primeiros minutos de cocção. Continue o cozimento, depois deixe esfriar os dois grupos. Corte os ovos e veja... (Observação: o ideal é fazer a experiência com vários ovos para aprimorar as estatísticas.)

OVO QUENTE FRITO CÚBICO

A partir do conhecimento adquirido, temos todas as ferramentas para inovar.

A ideia consiste em cozinhar um ovo a menos de 100°, girando-o regularmente sobre si mesmo. Cinco minutos são suficientes a 90°. É preciso então descascá-lo ainda quente e resfriá-lo sob pressão. Para isso, pode-se utilizar um molde de forma quadrada (cerca de 4 centímetros de lado) e manter a pressão com a ajuda de um objeto pesado.

Durante o resfriamento, a reticulação das proteínas continua e dá forma ao ovo. Só resta passar esse ovo em farinha e fritá-lo por um minuto para colorir e formar uma crosta fina. A fritura aumenta o calor sobre a gema, que fica na temperatura exata de degustação (entre 45° e 50°).

O efeito é garantido, e tudo o que você fez foi cozinhar um ovo! Só que tomou inúmeras precauções e aplicou diversos conhecimentos (cozimento, centralização e densidade, coagulação etc.) que, levados a cabo, formam um conjunto controlado e "técnico". (Ver Figuras 2 e 3.)

3. O ovo ou a galinha?
Tanto faz, cozinhemos os dois!

> "Duchemin: 'Ele tocou Wagner! Mas Wagner... Mas Wagner... é para carne de caça, para a caça grande, para o javali, para o rinoceronte. Enfim! Pam, pam, pam, pam! Pam, pam, pam, pam, pam! Enfim! Para a galinha de Bresse e a lagosta de Roskoff necessitamos outra coisa! Então, encontrem uma música leve, impalpável, sutil, comedida... Mas apressem-se!'"
>
> *L'Aile ou la cuisse*, CLAUDE ZIDI, 1976

O FENÔMENO DO COZIMENTO é cheio de paradoxos e compromissos. Conseguir "cozinhar direito" impõe o controle das técnicas exatas. Assim, uma alcatra de vitela "perfeita" deve ser crocante e lindamente dourada por fora, enquanto por dentro continua rosada e tenra.

Superfície-volume

No exemplo da alcatra de vitela, o físico-químico vê na mesma hora um gradiente térmico, ou seja, uma variação contínua da temperatura entre o centro da peça e a parte externa.

As temperaturas muito diversas na superfície e no centro da carne resultam em diferentes alterações da estrutura (coagulação, hidrólise, retenção de água etc.) e das propriedades organoléticas (maciez, cor, sabor). Esse gradiente precisa ser controlado: na superfície, a temperatura deve ser elevada para permitir as reações de Maillard. Elas que estão na origem dos sabores torrefatos (café, cacau, amêndoa etc.) e grelhados (crosta de pão, torrada etc.). Em alta temperatura e em meio pouco úmido, as proteínas e os açúcares reagem entre si e formam dois tipos de moléculas: moléculas aromáticas novas e pigmentos (*melanoidinas*, responsáveis pelo escurecimento). Não se trata de caramelização – reação em que só os açúcares intervêm –, embora no dia a dia sejam inúmeros os que "caramelizam" pedaços de carne. A temperatura alta elimina rapidamente a água da superfície (assar, torrar, tostar) e acelera as reações de Maillard.

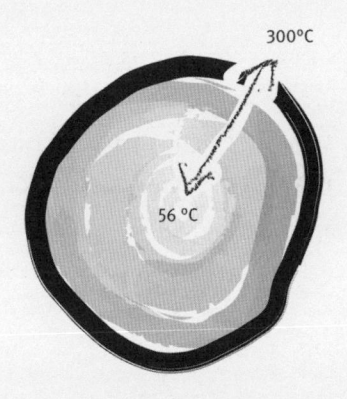

No interior da peça de carne, ao contrário, a temperatura não deve ultrapassar determinado limite para não acarretar mais que uma leve modificação da estrutura. A cor vermelha passa a um tom rosado, enquanto a textura deve continuar a ser a de uma carne quase crua. A temperatura exata utilizada é de 56° para a carne ao ponto. Dessa forma, nos colocamos abaixo do limite de coagulação das albuminas: nenhum véu esbranquiçado aparece, e os tecidos continuam avermelhados.

Numa carne cozida acima de 62°, as albuminas coagulam e formam uma rede sólida e opaca: a carne fica cinzenta.

Entre o centro da carne e a parte externa, observam-se todos os estados de cocção, mais ou menos extensos fisicamente conforme a velocidade do cozimento e a temperatura empregada. Se grelharmos a 300° (o famoso "selado"), obteremos uma superfície externa muito colorida e uma cocção interna "sangrenta"; se cozinharmos em fogo brando durante muito tempo, temos certeza de obter uma sola de sapato!

Maciez: coagulação e hidrólise

Depois desse primeiro compromisso de cozimento interno-externo, o segundo critério é a própria cocção, sendo que a questão preliminar é saber o que realmente significa cozinhar!

Vimos que era possível cozinhar um ovo sem calor: a acidez e o álcool levam à desnaturação e à coagulação das proteínas, da mesma maneira que a temperatura. Aí estão as palavras-chave: desnaturar e coagular. Sim, mas não é só isso...

O MÚSCULO

A observação de um tecido muscular mostra que sua estrutura é formada por diversas fibras (miofibrilas) reagrupadas em canais (fibras). Por sua vez, esses canais formam uma arquitetura complexa em feixes. A densidade desses feixes, sua organização espacial (espécie de tecido) e a quantidade de colágeno que assegura a coesão do todo influenciam as propriedades mecânicas das carnes.

Veremos em seguida que a estrutura de um legume é muito semelhante à da carne. Nos dois casos, percebemos que se trata de uma rede complexa de fibras, e que a cocção consiste em desconectar uma parte dessas fibras para garantir a maciez na boca. Para tanto, convém compreender como podemos romper as ligações interfibrilares.

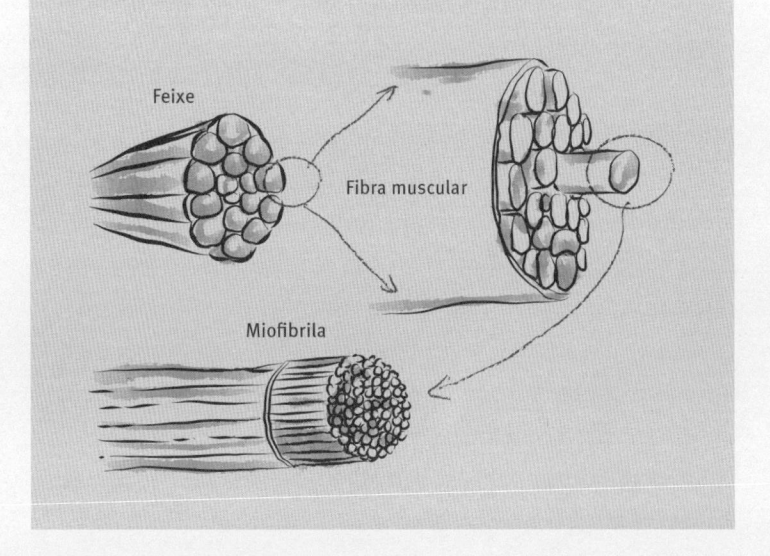

Feixe

Fibra muscular

Miofibrila

Os tecidos conjuntivos (músculos) são constituídos de proteínas associadas em fibras (as miofibrilas), albuminas (como a clara de ovo), água e de uma rede de colágeno. Essa proteína estrutural assegura a manutenção das carnes e sua consistência. Ela é uma molécula longa, em formato de tripla hélice, lembrando uma mola. É responsável pela dureza (a firmeza) das carnes.

Os pesos de carne conhecidos como carnes de segunda (peito, paleta, acém etc.), ricas em colágeno e fibras longas, e por isso

Colágeno

Hidrólise do colágeno

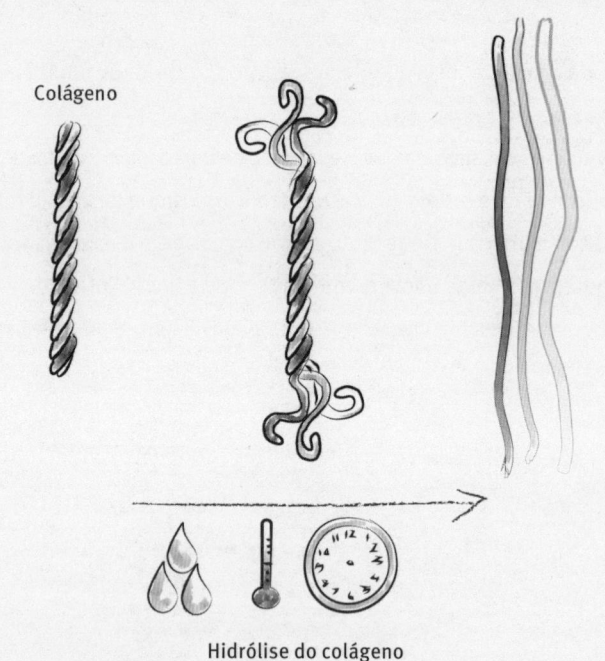

bastante duras, não podem ser assadas como o filé ou o lagarto, e pedem cocções demoradas. Por outro lado, observamos por microscopia que os pesos chamados de primeira só apresentam fibras curtas. As cocções demoradas das carnes firmes (ensopado, guisado), sempre feitas em caldo (equivalente à água), são boas porque ajudam a amaciar a carne: com o calor, a água ataca a rede de colágeno e a destrói progressivamente. Nesse caso, falamos em *hidrólise* (literalmente "corte pela água"). As fibras da tripla hélice de colágeno se separam pouco a pouco, atenuando muito a dureza dessas "molas moleculares". Uma fibra única nada mais é que gelatina, aquela mesma que, no fim do cozimento e depois de resfriada, encorpa e *gelifica* o caldo. Para ajudar essa hidrólise, é preciso cozinhar em água por muitas horas. Dessa forma, compreende-se melhor por que quanto mais cozidos em fogo brando e reaquecidos com frequência, melhores ficam esses pratos!

O cozimento da carne envolve portanto dois efeitos quase antagônicos: deve-se coagular as albuminas presentes nos tecidos para formar uma rede de proteínas e ao mesmo tempo desestabilizar a rede de colágeno já presente, a fim de favorecer o amaciamento da carne.

A maciez é uma espécie de compromisso entre "cocção" e "decocção" simultâneas. Essa é a razão pela qual alguns pedaços de carne podem ser comidos crus (*carpaccio* ou *tartare*): uma carne pobre em colágeno e composta de fibras curtas será mais macia se continuar crua! Nesse caso, "Como a cozinhamos?" é uma pergunta interessante, mas convém indagar também: "Por que a cozinhamos?"

Cozinhamos a carne para transformar um produto fornecido pela natureza com o objetivo de torná-lo próprio para o consumo e/ou para provê-lo de determinadas condições de degustação. A cocção permite amaciar as redes de fibras (tanto animais quanto vegetais), o que ajuda a digestão e a assimilação. Em contrapartida, inúmeros sais minerais e vitaminas são destruídos pelo aquecimento ou eliminados na água da cocção, o que reduz os benefícios do cozimento. Que dilema!

Em termos de textura, um morango ou um rabanete são bons crus, enquanto a alcachofra ou a banana-d'água devem ser cozidas.

Enfim, para outros produtos (batata, banana, tomate, folhas etc.), os chefs podem brincar com texturas cruas e cozidas a fim de despertar nossos sentidos durante a degustação.

Suculência: coagulação e retenção de água

A suculência é uma característica que aparece no corte (portanto, na mastigação) de uma carne, a qual perde maior ou menor quantidade de suco (água de constituição saturada de aromas, sais minerais etc.). Ela está ligada à capacidade de retenção de água por parte das redes de fibras que formam o tecido das carnes. O ideal é que a carne preserve toda a água durante a cocção, mas que perca parte dela na nossa boca, parecendo-nos sumarenta e macia.

Uma vez mais, dois efeitos antagônicos competem entre si.

- Acima de 62°, a rede de albuminas que se forma constitui uma armadilha para a água e cria uma barreira que retém o suco nas carnes. Aliás, podemos mencionar como exemplo disso o truque que consiste em aquecer a massa de torta ou a massa folhada cobrindo-a de clara de ovo a fim de torná-la impermeável ao preparado que ela vai receber (creme, frutas etc.) e preservar a textura crocante. É possível substituir a clara de ovo por manteiga de cacau (ou chocolate) finamente pulverizada. A clara de ovo e o cacau formam uma barreira hermética (e hidrófoba).
- Paradoxalmente, não se devem ultrapassar os 68°, temperatura na qual as proteínas miofibrilares perdem o poder de retenção de água pela coagulação. Nesse caso, a água sai do gel (sinérese) e forma o que é denominado *exsudato*. Observamos esse fenômeno com frequência quando cozinhamos peixe: o excesso de cocção provoca a retração dos tecidos (coagulação) e libera a água que ali estava aprisionada. Um suco esbranquiçado se cria na frigideira, enquanto o peixe, ressecado, perde a maciez.

No entanto, a regra é simples: nunca cozinhar demais! Como conclusão, é preciso colorir para dar sabor e cor (reação de Maillard) usando fogo alto e continuar a cocção em temperatura baixa (muito inferior a 70°).

Cor: coagulação e mioglobina

Quando a carne está crua, a albumina é incolor e transparente. Com o calor (mas também com a acidez ou com o álcool), as albuminas coagulam, e se forma um véu branco em torno das proteínas miofibrilares e das mioglobinas (proteínas semelhantes à hemoglobina, responsáveis pela cor vermelha da carne). Isso modifica nossa percepção da cor vermelha do músculo.

A desnaturação começa em torno dos 56°-58° e marca a passagem de muito malpassado a malpassado. A 60° opera-se a transição de malpassado a rosado. Por fim, a coagulação a partir de 62° está na origem da mudança de cor de rosado para marrom acinzentado (cocção ao ponto). Acima de 66°, é a vez da desnaturação da mioglobina, que perde a cor de modo irreversível.

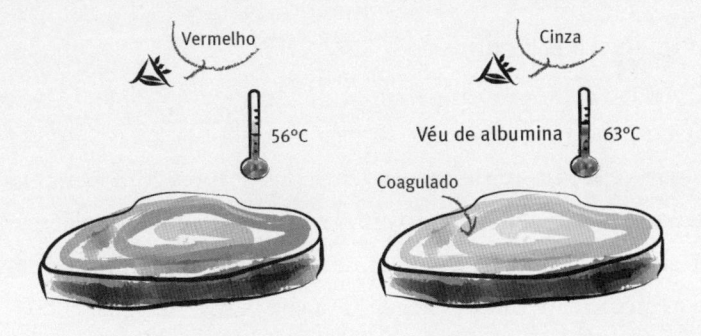

Em resumo, cozinhar uma alcatra de vitela ou frango de Bresse (até a lagosta de Roskoff, para o sr. Duchemin) põe em ação mecanismos análogos e complexos (coagulação, desnaturação, hidrólise). Entretanto, por suas respectivas estruturas e de acordo com as texturas que se deseja obter, as formas de cozimento utilizadas para essas duas carnes serão muito diferentes.

A ALCATRA PERFEITA!

Dourar (colorir) em fogo alto todas as partes de uma peça de vitela numa mistura de manteiga e azeite. Resfriar imediatamente. Colocar num saco próprio para cozinhar: a peça de vitela, um buquê de cheiro-verde ou qualquer outro tempero de seu gosto (raminho de tomilho, limão cristalizado). Fechar a vácuo e colocar em banho-maria a 56º durante pelo menos uma hora e meia (conforme a espessura da carne). No momento de servir, levar rapidamente à frigideira em fogo alto para voltar a dourar e garantir um leve efeito crocante na superfície. Fatiar e acrescentar alguns cristais de flor de sal.

E quanto aos legumes?

Se cozinharmos uma carne branca – branca porque menos rica em mioglobina que as carnes vermelhas – nós a cozinharemos em fogo baixo e por muito tempo, para hidrolisar o colágeno. A galinha será mergulhada num caldo de legumes, que irá perfumar o interior da carne e, por sua vez, se enriquecer com os sabores da ave. A osmose e as difusões (por migração e convecção) agem durante toda a cocção na panela. Mas, e quanto ao cozimento dos legumes?

Em relação às carnes, vimos que é preciso coagular as albuminas ao mesmo tempo que se desestabiliza a rede de colágeno para garantir que elas fiquem cozidas, mas tenras. Para os legumes, convém igualmente amaciar a estrutura vegetal para torná-la digerível e macia na boca, ou comeríamos o legume tal como ele é, cru e crocante. Nesse contexto, observemos que as frutas e os legumes são bons se estiverem decididamente cozidos e tenros, ou se permanecem crus e crocantes. Em outras palavras, o legume "al dente" é uma mistificação! É "prático", porque a falta de cocção permite conservar cor e forma, o que é bem conveniente para os cozinheiros, mas torna o produto pouco digerível.

Mais uma vez, é preciso mergulhar no âmago da matéria, agora observando as fibras dos legumes para compreender melhor de que eles são formados e como estão organizados os elementos que os constituem, a essência de sua estrutura. Se o colágeno é o principal elemento de estruturação e manutenção das carnes, no caso do mundo vegetal esse elemento é a celulose.

A observação de uma fatia fina de legume ao microscópio só leva alguns minutos e permite compreender o mais importante. Diante de você está uma cebola. Corte-a em rodelas bem finas, seque suas lágrimas (ataque das moléculas lacrimogêneas de óxido syn-propanethial-S!) e observe-a sobre uma lâmina. Um muro de tijolos, é isso que você tem a impressão de ver! As células são organizadas no espaço, ligadas entre si por um cimento vegetal (composto principalmente de celulose). Lançando mão de uma metáfora, cozinhar legumes seria amaciar essa parede. Que seja. Mas como? Atacando os encaixes para fragilizar o todo.

A celulose é um polímero natural da família dos polissacarídeos composto de muitos milhares de moléculas de açúcares. Ela é o principal componente das paredes celulares dos vegetais (ervas, folhas, palhas, árvores, algodão, legumes etc.), e, por isso, é o polímero mais encontrado na terra. A cada ano, a natureza produz mais de mil bilhões de toneladas de celulose. A rigidez de uma árvore ou a flexibilidade de um junco se explica pelo esqueleto diferente, oriundo de uma estruturação espacial complexa da celulose. As moléculas de celulose são cadeias muito longas, cujo comprimento e composição variam de uma espécie para outra (escala molecular). Unidas entre si por ligações físicas (ligações hidrógenas e forças de Van der Walls), formam microfibras que, outra vez unidas, constituem macrofibras e depois fibras (em escala supramolecular). Essas fibras se ordenam no espaço para formar as paredes celulares (uma ultraestrutura). A hemicelulose (outro polissacarídeo) serve de liga entre as fibras e paredes, assim como a lignina vem reforçar mecanicamente o edifício.

O esqueleto da planta é constituído, assim, da montagem dessas paredes em camadas, estratos, hélices, quincunces (colmeias) etc. Retomando a imagem das bolas de lã, diríamos que estamos lidando com um suéter muito sofisticado, com diversos tipos de pontos, motivos entrecruzados etc. Essa malha pode conter e reter grande quantidade de água. Essa é a razão pela qual um legume pode parecer muito rígido e sólido, embora contenha mais de 90% de água!

Então, o que é "cozinhar um legume"? É "amaciar" essa rede complexa, ou seja, reduzir as forças que garantem sua rigidez, de tal modo que uma ervilha crua, crocante e firme se torne macia e dissolva na boca depois de cozida. Como "cozinhar bem" e como "cozinhar melhor"? A ação de soluções básicas (o contrário de soluções ácidas) pode provocar uma expansão e/ou uma dissolução da celulose e da hemicelulose. Aliás, esse procedimento é empregado na indústria têxtil. Tais soluções, como a soda, contêm espécies carregadas negativamente, íons hidróxidos (OH^-), que dissolvem uma parte da hemicelulose e atacam as ligações hidrógenas que mantêm unidas as cadeias de celulose. Quando as aplicamos aos legumes, as paredes celulares são também fragilizadas, e as fibras ficam mais ou menos desunidas: o legume está cozido!

Se desejarmos transferir esses conhecimentos para o mundo culinário, é preciso encontrar uma solução básica (porque a soda cáustica não seria conveniente) contendo elementos negativamente carregados, capazes de desunir as fibras. Pois bem, ela é simplesmente a água natural com gás! Nela, o dióxido de carbono dissolveu-se sob a forma de íons carbonados (espécies negativamente carregadas). Mas podemos também usar água sem gás rica em carbonatos, ou juntar à água um pouco de bicarbonato. Em todos esses casos, graças à ação dos íons sobre a celulose dos legumes, reduzem-se o tempo e a temperatura de cocção: os aromas e vitaminas se preservam melhor (por terem se degradado menos por efeito do calor). A água com gás tem

A ACIDEZ

O potencial de hidrogênio, ou pH, mede a acidez de um preparado. Ele está ligado à quantidade de íons hidrogênio (H^+) e varia de concentração em potências de dez. Isso significa que, para aumentar o pH de uma unidade, é preciso diluir dez vezes o preparado! O pH é medido entre 1 e 14.

Com pH = 7, o sistema é neutro. Abaixo de 7, o pH é ácido (exemplos: suco de limão, cerca de 2; ácido gástrico, mais ou menos 1), enquanto acima de 7 o pH é básico (xampu, mais ou menos 8; bicarbonato, mais ou menos 8,5; água sanitária e soda cáustica doméstica, cerca de 12). No terreno em que o pH é básico, a espécie química majoritária é o íon hidróxido (OH^-). No pH = 7, os íons hidróxidos (OH^-) e os íons hidrogênio (H^+) se neutralizam e formam água pura, H_2O.

Na cozinha, como no laboratório de química, podemos medir o pH com uma tira de papel sensível que muda de cor dependendo do grau de acidez. Como veremos, pode ser muito útil saber o pH para ter sucesso em alguns cozimentos, mas também para obter o ponto das geleias, para conservar a cor dos legumes etc.

outra aplicação interessante no cozimento dos legumes secos, muitas vezes de cocção demorada. Está justificado o truque de nossas avós, que salpicavam uma pitada de bicarbonato na lentilha. Elas também praticavam a culinária molecular! Uma última vantagem importante: sabe-se que o bicarbonato age sobre a clorofila presente nos legumes verdes, de modo que os legumes cozidos com uma pitada de bicarbonato apresentam um tom de verde brilhante. Esses mesmos legumes cozidos em água acidificada por suco de limão ou vinagre, por exemplo, ao contrário, ficam moles e amarronzados (ver Figura 8).

Em compensação, o truque que consiste em "fixar a clorofila" num banho de água gelada não tem razão de ser! A água fria não fixa coisa alguma. Ela interrompe a cocção, mas não preserva a clorofila.

É possível melhorar o aspecto, ganhar em sabor e em vitaminas, aproveitar as texturas e também ganhar tempo... Tudo isso cozinhando com água natural gasosa!

DUREZA, PH E CARBONATOS
(OU COMO ESCOLHER BEM A SUA ÁGUA)

Três parâmetros são determinantes para o nível de cozimento dos legumes verdes e a conservação de sua cor. Vamos ver.

- A acidez tem efeitos nefastos tanto sobre a cor quanto sobre a estrutura. Os íons (H^+) responsáveis pela acidez modificam a região sensível à luz (cromóforo) das clorofilas, o que desloca os comprimentos de onda absorvidos. A cor observada é marrom-amarelada escura. Em outras palavras, usar qualquer água gasosa não é o bastante. Algumas águas são gasosas porque artificialmente enriquecidas com gás carbônico, têm pH ácido. Aliás, esses íons (H^+) reforçam as paredes celulóticas, e os legumes cozinham com dificuldade.
- Os íons de cálcio e de magnésio, responsáveis pela dureza de uma água,* reforçam também a coesão das células. Numa água dura,

---

* Água dura: água que contém sais dissolvidos numa percentagem superior a 5%; a dureza mede-se em graus, expressos em partes por milhão de carbonato de cálcio ou de óxido de cálcio, de magnésio etc. (N.T.)

torna-se difícil desestabilizar a estrutura vegetal, o que dá a impressão de que o legume não cozinha, ou que cozinha com muita dificuldade (duração de cozimento prolongada).

- Os íons carbonatos, por sua vez, produzem efeitos contrários porque estabilizam os cromóforos das clorofilas (cor verde e viva) e atacam as celuloses (duração de cozimento reduzida).

Portanto, é preciso ler com atenção a etiqueta das águas minerais (gasosas ou não) para escolher a mais adequada ao cozimento. Deve-se escolher uma água rica em (hidrogeno) carbonatos, a mais básica possível (pH superior a 7) e doce (baixo teor de cálcio e magnésio).

Temperatura e pressão, novos cozimentos...

Falamos bastante em temperatura como fator fundamental para os cozimentos. Mesmo que seu valor às vezes continue difícil de controlar, por falta de material adequado, a temperatura continua a ser o parâmetro com o qual podemos lidar com facilidade. No entanto, ele não é o único!

O parâmetro pressão também é um fator físico que afeta os estados da matéria, e portanto os possíveis cozimentos! Em outras palavras, por que *necessariamente* cozinhar sob pressão atmosférica? Cozimentos sob pressão muito alta ou muito baixa nos daria algo a mais ou algo de novo?

Ao mudar a pressão, mudamos a temperatura de ebulição. Sob pressão, a temperatura de ebulição aumenta. Esse é o princípio da autoclave: a pressão sobe, a temperatura aumenta, portanto, os alimentos cozinham mais depressa (por se encontrarem a uma temperatura acima de 100°). Numa "panela de pressão", elevamos a pressão em quase duas atmosferas, atingindo assim cerca de 120°.

Ao contrário, se reduzimos a pressão (o que corresponde a criar um vácuo parcial), cai a temperatura de ebulição. A água ferve a cerca de 85° no pico do Mont Blanc! Mas o que fazer com essa informação, a não ser nos queixarmos de que os legumes cozinham mais devagar em lugares altos?

Os cozimentos em baixas temperaturas, feitos em banho-maria, muitas vezes são falsamente chamados de "cozimento a vácuo". Na verdade, mesmo quando os alimentos são colocados em sacos a vácuo, o cozimento se dá à pressão atmosférica. Sem ofensa às ideias corriqueiras, não se cozinha a vácuo! O que se faz é simplesmente retirar o ar em torno do alimento. Existem muito poucos materiais que nos possibilitam agir ao mesmo tempo sobre os parâmetros temperatura e pressão.

Num recipiente do tipo Gastrovac, o vácuo dinâmico é mantido por uma bomba que aspira continuamente o recipiente durante a cocção. Aquecemos de verdade à baixa pressão. Além disso, a temperatura de ebulição diminui radicalmente, e as temperaturas de cocção se reduzem. Deve-se, portanto, prever maior duração do tempo de cozimento. A vantagem da cocção a baixa pressão é limitar consideravelmente a degradação de aromas, vitaminas e pigmentos pelo calor.

O Gastrovac é um instrumento para aquecer que tem o mérito de ter dado início a uma reflexão quanto a essa maneira de cozinhar. Mas existem fornos capazes de criar vácuo contínuo durante a cocção? Imaginem as possibilidades! Inventores, isso é com vocês!

VÁCUO, VÁCUO ESTÁTICO, VÁCUO DINÂMICO

O que é o vácuo? É o nada, a ausência de moléculas, de átomos, o vazio sideral. O vácuo poderia ser definido como o oposto da pressão. Com maior exatidão, seria o estado de pressão zero. "Aumentamos" o vácuo ao máximo. Sim, o vácuo é mais ou menos aumentado, ou seja, ele pode ser grosseiro (usando-se um aspirador, por exemplo), primário (com a máquina a vácuo usada na cozinha) ou secundário (com a máquina ultravácuo dos laboratórios). Há um aspecto importante: ou se "aspira" para criar o vácuo, que depois é conservado por fechamento hermético (trata-se de vácuo estático), ou trabalha-se com uma máquina que cria vácuo continuamente, como uma bomba (este é o vácuo dinâmico).

4. Entramos numa fria!

É AQUECENDO que o ovo coagula, mas é ao resfriar que a geleia fica no ponto. Se aquecermos demais, a clara perde a água, enquanto a geleia se metamorfoseia em água de fruta. Paradoxo?

Ovo, miolo de pão, geleia, galantina à antiga ou espaguete vegetal com ágar-ágar e moderníssimas encapsulações de alginatos... Géis, géis e mais géis.

Pés e mãos atados

A clara de ovo "cozinha" porque, sob a ação do calor, as proteínas nela contidas se desenrolam, se entrelaçam e formam uma rede sólida. Do estado líquido no qual cada molécula fazia mais ou menos o que bem entendia, preocupando-se apenas com suas vizinhas mais próximas, passamos a um estado em que todas estão ligadas, dependendo umas das outras, *solidamente* presas, em estado *sólido*. Se "puxarmos" um líquido, ao inclinar um copo d'água, por exemplo, observaremos que determinada quantidade de água é derramada. Em outras palavras, não cai toda a água do copo de uma só vez. Isso se explica porque algumas moléculas interagem numa distância curta, e as ligações entre as moléculas são bastante frágeis. Ao contrário, se "puxarmos" a ponta de um garfo, é o objeto inteiro que nos vem à mão, porque dessa vez os átomos do metal estão unidos uns aos outros, e a longo alcance no espaço.

OS ESTADOS DA MATÉRIA

Definir os estados sólido, líquido e gasoso não é tão fácil quanto se imagina. Concordamos todos em dizer que o ar que respiramos é um gás, a água que bebemos é um líquido e os cristais de sal grosso são sólidos. Mas com a mudança de temperatura (e/ou de pressão) conseguimos mudar o estado. Por quê? O que acontece em escala microscópica? Por exemplo, a água ferve a 100°, enquanto o nitrogênio líquido ferve a −196°! Os cubos de gelo fundem-se a 0°, enquanto o sal de cozinha funde próximo dos 880°. Como explicar essas diferenças? Na verdade, o calor é uma fonte de energia capaz de romper as ligações no âmago da matéria, fazendo-a passar de um estado a outro. Uma vez que as ligações são mais ou menos fortes, a temperatura a ser aplicada para se obter a mudança de estado também é mais ou menos intensa.

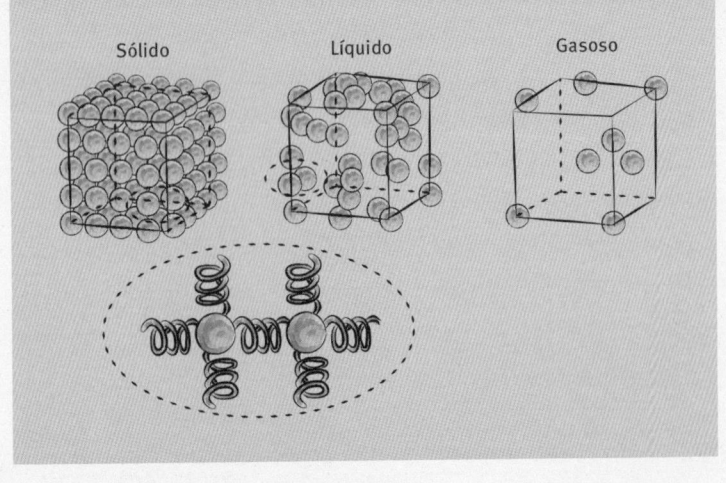

Sólido   Líquido   Gasoso

A grandeza física própria para caracterizar esses estados da matéria é a densidade da matéria, ou seja, a quantidade de partículas (átomos ou moléculas) apresentadas por unidade de volume.

Um sólido é um material denso (fala-se em matéria condensada) porque contém um número muito alto de moléculas por unidade de volume. Essas partículas estão "solidamente" unidas umas às outras, "solidárias", razão pela qual um material em estado sólido é manipulável, uno, incapaz de escorrer e que se move num só bloco quando "puxado".

A organização das partículas no espaço pode ser perfeita e bem organizada (ainda que, na verdade, nada seja perfeito!); ou, pelo contrário, absolutamente desorganizada. Falaremos, respectivamente, de estado sólido *cristalizado* ou *amorfo* (vítreo). Observamos por fim que existem sólidos intermediários nos quais partes são cristalizadas enquanto outras são amorfas (é o caso de alguns polímeros plásticos e fibras vegetais, como as celuloses).

Em confeitaria, um xarope de açúcar (sacarose) cozinha acima de 130° e, despejado sobre a bancada de trabalho, formará um caramelo (ou vidro de açúcar, por analogia ao vidro de verdade: transparente, quebradiço e de estrutura interna desorganizada). Em compensação, com o tempo, os cristais irão se formar e crescer: o açúcar voltará a se cristalizar (para reencontrar seu estado mais estável). A peça de açúcar ou o vidro escorrido se tornará branco e opaco. Essa é a razão pela qual, para a melhor conservação de suas peças e enfeites de açúcar, os confeiteiros muitas vezes acrescentam glicose pura ou açúcar invertido (sacarose parcialmente hidrolisada em frutose e glicose) para retardar a cristalização (ver Figuras 6 e 7).

Um gás, ao contrário, é um sistema muito pouco denso, no qual as partículas se movimentam muito depressa (a vários milhares de quilômetros por segundo!) em todas as direções, e não são ligadas. As únicas interações possíveis são choques e "pulos" de encontro aos limites do recipiente (ou às paredes, às nossas cabeças etc.).

O estado líquido é um estado intermediário, também chamado "denso", no qual algumas partículas "se veem" (estão muito localmente organizadas e ligadas), enquanto outras partículas "se ignoram", como num gás, entre outros motivos porque suas velocidades de deslocamento ainda permanecem altas no interior da matéria. A população de partículas que "se veem" e "se ignoram" varia no decorrer do tempo (o que também diferencia o líquido de um sólido amorfo, no qual essas regiões desorganizadas não evoluem ou evoluem muito pouco com o tempo).

Estado cristalizado   Estado amorfo

O mesmo acontece com a clara do ovo. Tomemos o caso bem concreto de um recheio de quiche: leite ou creme de leite, ovos e o que quisermos (cogumelos, bacon, cebolinha, atum em conserva). O todo é líquido, e o químico, que precisa modelar a cozinha para melhor estudá-la, levará em consideração apenas dois ingredientes importantes: a água (composto principal do leite) e as albuminas. Em estado cru, as albuminas navegam na água de constituição. Por serem volumosas (recordemos a metáfora das bolas de lã), seu deslocamento é difícil e vagaroso, o que explica por que o líquido é viscoso.

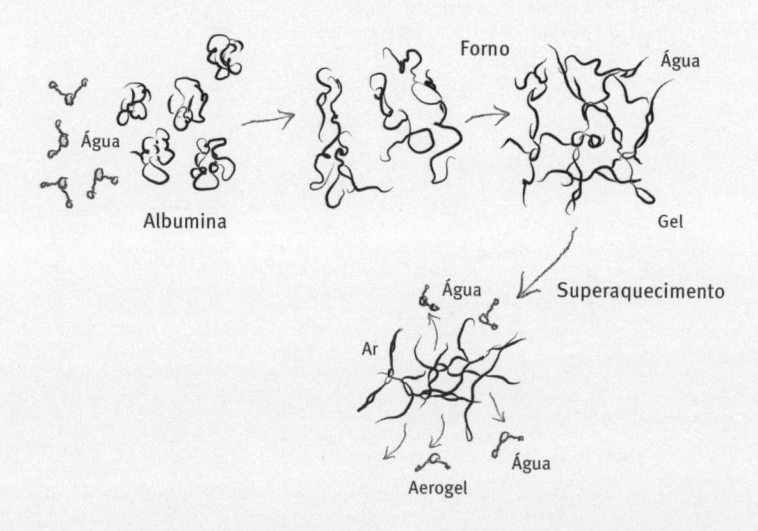

Leve ao forno. Uma vez cozida, sua quiche pode ser cortada como um sólido. No estado "quiche cozida", as mesmas moléculas aderem umas às outras: é possível agora cortar a quiche em pedaços. A rede de proteínas retém a água do recheio (e todos os pedaços de bacon, cogumelo etc.): as proteínas se gelificaram, a quiche está cozida. Será impossível descozinhar uma quiche ou descozinhar um ovo, pois as ligações químicas formadas são fortes, e a reação é irreversível pela temperatura (fala-se, aliás, em *gel químico*): o resfriamento reforçará o gel, pois restringirá ainda mais os movimentos permitidos às moléculas (a quiche parecerá mais firme e rígida), enquanto o superaquecimento reforçará o gel, no primeiro momento, enquanto no segundo o ressecará, pois a água aprisionada vai evaporar. Esse último ponto constitui uma importante diferença entre as geleias e as gelatinas.

> **COZINHAR OU DESCOZINHAR É SEMPRE COZINHAR**
>
> Como piada, um químico pode "descozinhar" um ovo, e assim passar inevitavelmente por mágico. Para isso, ele deve lançar mão de um produto muito tóxico (borano, ou hidreto de boro) que atacará as pontes dissulfeto. A reação é lenta (algumas horas), mas espetacular, pois o pedaço de clara de ovo sólida e opaca se transformará em líquido translúcido!

Miolo de pão

A cocção do miolo de pão também é uma reticulação química. Ao sovar a massa, o padeiro hidrata e desenrola as proteínas de glúten (outra vez as bolas de lã). Elas se entrelaçam linearmente, o que confere elasticidade à massa. Durante a fermentação e a cocção, o dióxido de carbono formado pelas leveduras é aprisionado nessa rede, enquanto a própria rede se solidifica: está criado o miolo. Esse cozimento também é irreversível, pois as ligações formadas ainda são muito poderosas e resistirão ao calor. O pão secará aos poucos com a passagem do tempo (para grande prazer dos amantes de pão dormido), pois a água aprisionada na rede aos poucos vai evaporando. Na verdade, podemos descrever a torrada como um miolo de pão sem água, o que chamamos de *aerogel* (um gel no qual a água é substituída pelo ar).

No que diz respeito ao miolo de pão seco, composto majoritariamente de cadeias de amilose, amilopectina e glúten, a estrutura será muito quebradiça, porque os choques não são mais absorvidos pela água (ao contrário da massa crua ou do miolo de pão fresco). Armados desses conhecimentos, podemos agora compreender a seguinte frase, ouvida durante o café da manhã (torrada + geleia de cassis) com um físico-químico: "Você pode me passar o pote de polissacarídeos reticulados com elevados teores de sacarose e antocianinas e o pacote de aerogel de glúten, por favor?"

Quebradiço

Se reaquecermos uma, duas, três vezes um pedaço de quiche, ela ficará cada vez mais seca e acabará intragável. O mesmo acontece com nossa fatia de pão, que se transformará em torrada ou farinha. A cada passagem pelo forno, parte da água aprisionada

---

AEROGÉIS

A massa volumétrica desses materiais, embora sólidos, é extremamente frágil.

Como são constituídos quase exclusivamente de ar, eles formam ótimos isolantes e encontram aplicações nos materiais de isolamento térmico e acústico. Enfim, por haver grande área de superfície disponível (graças à porosidade formada pelas inúmeras bolhas de gás), eles formam estruturas ideais para os catalisadores (baterias de hidrogênio, decomposição dos óxidos de carbono CO e CO_2 nos conversores catalíticos dos automóveis).

no gel evapora, o que resseca o todo. As beiradas são sempre a parte mais seca, porque são as primeiras a desidratar.

A busca de coisas crocantes na culinária foi meu primeiro objeto de pesquisa, supervisionado por Hervé This, durante meu mestrado. Tínhamos modelado a crocância estudando xaropes e caramelos. Quando esquentamos água e açúcar, obtemos um xarope. Quanto mais deixamos evaporar a água, mais concentrado fica o xarope. Ele engrossa continuamente, até o momento crítico em que, despejado sobre a mesa, se transforma num sólido quebradiço. Nessa experiência, passamos do estado líquido (fluido e depois viscoso) ao estado sólido; uma fissura (onda de deformação mecânica) pode se propagar no interior do sistema. Ele quebra, estala e faz barulho (sim, trata-se de uma onda acústica)! Quantificamos o ocorrido (medida de deformação, medida de viscosidade, atividade da água) e sugerimos a ideia de que talvez aquele fosse um fenômeno de percolação ou lixiviação.

BISCOITO CHAMPANHE E RENDA ANTIGA

A qualidade *crocante* de uma comida e sua produção residem na perda de água. De uma panqueca, obtemos um crepe rendado exclusivamente por aquecimento prolongado, ou seja, pela evaporação quase total da água (aerogel).

O mais engraçado é que o creme inglês, espalhado numa camada fina sobre papel-manteiga e seco ao forno, se transforma numa tela leve e crocante (tipo biscoito champanhe).

PERCOLAR...

A percolação é um princípio físico universal, que se generaliza na propagação dos incêndios em florestas, de informações, sinais elétricos, doenças etc. Cada molécula (árvore, indivíduo) ocupa um lugar e possui determinado número de vizinhos (chamados coordenações) aos quais pode transmitir seu estado (condução elétrica, patologia, informação). Se não tem vizinhos suficientes, o fenômeno permanece local, mas, se a quantidade de vizinhos é grande e a distância entre os vizinhos suficientemente curta, o fenômeno se estenderá e se propagará em longo alcance.

O sistema oscila de repente de um estado para outro com o acréscimo de uma ligação ou de um vizinho suplementar. Por exemplo, no esquema que se mostra a seguir, o sistema inicial é isolante e, com a adição de um átomo, torna-se condutor.

Fala-se em limiar crítico de percolação e em transição de percolação (bloqueado-aberto; condutor-isolante; portador saudável-doente; informado-ignorante; mole-quebradiço). Tomemos, por exemplo, uma grade sobre a qual são colocadas peças metálicas. Conecte à grade dois terminais elétricos e uma lâmpada. Se o número de peças for insuficiente, a grade é globalmente isolante, e a lâmpada se apaga.

É preciso atingir uma quantidade-limite de peças para que, de repente, com apenas uma peça a mais, a grade se torne condutora. A corrente consegue passar, a lâmpada acende.

Demonstramos aqui que a transição isolante-condutor é uma transição de percolação, e que o arranjo das peças metálicas no espaço condicionará as propriedades condutoras. Conforme arrumemos as peças em quadrado ou em quincunce (como uma colmeia), conforme trabalhemos com duas dimensões (caso de nossa grade) ou com três (caso de inúmeros outros sistemas), será diferente o número de peças (lugares ocupados) por unidade de volume (ou de superfície) que permite provocar a transição de percolação.

Transição de percolação

À esquerda, a quantidade de lugares ocupados é pequena, o sistema possui as propriedades da matriz (isolante elétrico, por exemplo); à direita, o limiar de percolação foi atingido (e o sistema é macroscopicamente condutor).

Percolando

A gelificação também é uma transição de percolação, uma vez que do estado isolado passamos a um estado em que tudo está ligado. É compreensível que também nesse caso seja preciso ultrapassar uma concentração crítica de gelificante a fim de que o preparado "fique no ponto". Por exemplo, no caso bem concreto da quiche, se colocarmos apenas um ovo por litro de leite, o recheio ficará mole, jamais irá engrossar. Se, ao contrário, pusermos dez ovos por litro, teremos a certeza de que a quiche engrossará e cozinhará, correndo o risco de engrossar *demais*. Portanto, há um limiar crítico de proteínas (nesse caso, de acordo com o número de ovos introduzidos) por meio do qual é obtida uma coagulação exata do preparo. Trata-se de um fenômeno de percolação. Encontramos essa ideia de concentração exata (limiar) no uso correto dos gelificantes (gelatina, ágar-ágar, carragenina), quando tudo é calculado em miligramas.

A figura abaixo ilustra testes de gelificação do leite. Com 0,42% em massa de gelificante, o gel desmorona, enquanto com 0,50%, o gel fica firme e duro demais. A dosagem exata deve ficar em 0,455%. Observemos a precisão de medida necessária e essa noção de *limiar a ser atingido*, mas não ultrapassado (demais).

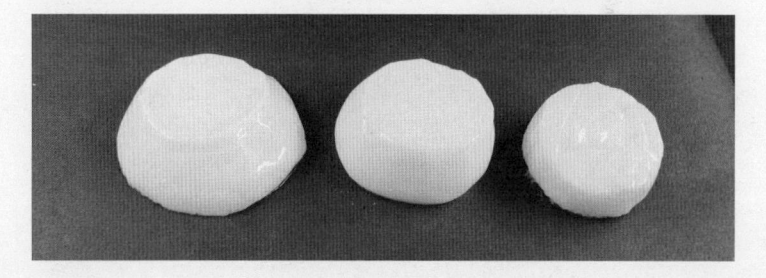

Testes de gelificação do leite

É fascinante constatar como alguns fenômenos de disciplinas como física, comunicação, medicina, sociologia etc. podem ser modelados e interpretados por uma só teoria. A circulação sanguínea, a multidão no metrô ou o fluxo de veículos são quantificáveis pelas mesmas equações de física; em todos os casos, é preciso que haja filtragem (e não um obstáculo). Melhor ainda, já que podemos modelar, é possível antecipar e prever (que é o mais importante no caso de um contágio, por exemplo). Numa época em que tanto se fala de redes sociais (internet, sites comunitários), a teoria da percolação e a própria noção de rede (físico-química) fazem todo o sentido!

Um aparte e uma parte de quiche

Muitas vezes, nos cursos e conferências, peço a participação das pessoas. Por exemplo, quando descrevo a cocção (desnaturação, coagulação, reticulação), peço à primeira fila para representar a quiche! Além do aspecto evidentemente cômico, imaginar-se no lugar de uma molécula (ou de um átomo) permite a melhor compreensão dos conceitos físico-químicos. "Vamos fingir que somos proteínas e que o ar que nos circunda, na verdade, é água: nós somos clara de ovo cru." Sem dúvida é possível censurar o antropomorfismo dessa abordagem, que empresta intenções à matéria, mas, uma vez conscientes dos limites do método transmitido à plateia, podemos "bancar a matéria" e nos divertir representando determinados conceitos. Quando o anfiteatro está cheio, é fácil observar que há ordem e regularidade espacial na sala, e depois introduzir a noção de periodicidade dos cristais e debater as diferenças entre o estado cristalizado ordenado e o estado amorfo líquido (multidão em deslocamento aleatório); pedir ao público que conte seus vizinhos mais próximos e evocar a coordenação: se as cadeiras estão em fileiras, cada um tem quatro vizinhos – rede cúbica simples –, se estiverem dispostas em colmeia, cada um tem seis – rede hexagonal. Também será possível observar que, com nossas mãos, podemos nos ligar aos vizinhos mais próximos: se "puxamos" um átomo (entendamos com isso uma pessoa que seguramos pelo braço), toda a fileira de pessoas irá se mover, o que nos remete à definição de sólido!

Na figura das redes, observamos que, para determinada superfície, conseguimos arrumar uma quantidade bem maior de objetos na rede em colmeia que na quadrada. A matéria é mais

Rede quadrada
(quatro vizinhos)

Rede em colmeia
(seis vizinhos)

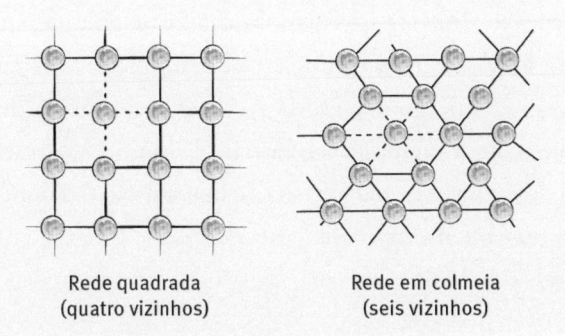

compacta. Essa estrutura é universal e se encontra tanto nas colmeias de abelhas quanto na estrutura atômica de inúmeros metais, nas plantações de árvores e outras culturas.

Assim, se você for preparar profiteroles ou bolinhos numa assadeira, prefira arrumá-los em hexágonos, em vez de quadrados. O mesmo vale para empilhar garrafas ou latas, plantar vegetais e legumes no pomar etc.

Pectinas, compotas e géis físicos

As geleias fazem jus ao nome, já que são… géis! Assim como as galantinas, os géis formados são reversíveis por temperatura: a geleia derrete e engrossa tantas vezes quantas a esquentemos e resfriemos. Nesse caso, falamos em *gel físico*. Isso quer dizer que, microscopicamente, as ligações formadas são de uma natureza diferente da que ocorre numa coagulação de albuminas.

Há uma competição entre a energia de coesão (o fato de que a substância "engrossa") e a energia térmica (que tende a desestabilizar a estrutura). É preciso ter em mente a imagem de dois ímãs colados: o polo sul de um é atraído pelo polo norte do outro (coesão), mas, se aplicarmos uma força (energia) suficientemente forte (energia térmica, por exemplo), conseguimos descolá-los. A energia fornecida ao sistema nos permitiu romper as ligações (magnéticas) e tornar os ímãs independentes.

Essa é a razão pela qual, acima de determinado valor crítico, a geleia ou a galantina se dissolve.

ENERGIA, COESÃO, AGITAÇÃO TÉRMICA

Ainda que de maneira invisível, cumpre saber que, num sólido, as partículas se movem. Elas não se deslocam como no líquido ou no gás, mas mesmo assim se movem sob a forma de vibração. Quanto mais se aquece um sólido, mais amplas são as vibrações. É preciso imaginar as partículas unidas entre si por molas. O comprimento e a rigidez (força) da mola são bem definidos e constantes em todo o sólido. Há um compromisso entre energia de ligação (ou seja, a "rigidez" da ligação ou a força da mola) e a energia térmica fornecida.

As partículas de um sólido só são imóveis na temperatura mais baixa possível (ou "zero absoluto", $-273{,}15°$). Desde que se esteja acima dessa temperatura, a matéria vibra. (Pois é, seu filé de frango vibra dentro do congelador!) Quanto mais se aquece, mais intensa é a agitação. Enfim, quando a agitação térmica se torna muito forte (demais), a ligação é quebrada e a desordem se instala: surge o estado líquido, o sólido derrete. Ao contrário, quando o líquido esfria, as partículas se recolocam em seus lugares, e as molas se reposicionam. O sistema se solidifica.

Por fim, assim como cada sólido tem sua própria organização (posição e força das molas, natureza dos constituintes), ele tem também sua própria temperatura de fusão. Enquanto uma pedra de gelo derrete-congela a 0°, a sacarose derrete em torno de 160°, o sal NaCl derrete a 880°, o diazônio derrete-congela a −210°, o álcool puro (etanol) derrete-congela a −100°. Poderíamos também dizer que o sal NaCl "congela" a 880°! (Já compreendemos que o termo exato para "congelar" é "solidificar".)

Temperatura e pressão

Para simplificar, falamos que a pressão tem o papel oposto ao da temperatura. De fato, se comprimimos um gás aumentando continuamente a pressão, forçamos as partículas a se aproximarem umas das outras, portanto, a "se verem" cada vez mais, até atingir a pressão crítica, na qual o sistema se torna líquido (partículas que se veem, se movem).

Comprimindo ainda mais o líquido, continuamos a reduzir o espaço entre as partículas em movimento até o ponto em que não há mais lugar suficiente, e o sistema que congela se transforma em sólido! Cada sistema possui também suas próprias pressões críticas de mudança de estado.

Esse é exatamente o mesmo fenômeno que ocorre com os géis de pectinas formados nas geleias: com a redução da temperatura, as moléculas se atraem e começam a se unir. Quando resfriamos o preparado, todo o conjunto se agrupa, e aumenta a firmeza. Por outro lado, quando as aquecemos, conseguimos pouco a pouco desligar esses agrupamentos com os movimentos vibratórios. Aí reside a maior diferença entre um *gel químico* irreversível (clara de ovo, proteína) e um gel *físico* termorreversível (pectina, gelatina).

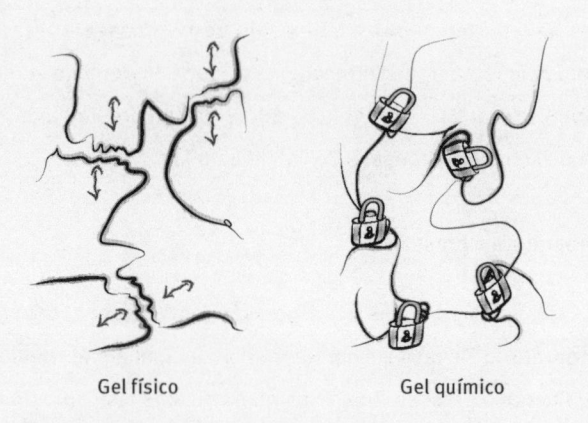

Gel físico   Gel químico

Evidentemente, no caso das pectinas, as forças envolvidas não são magnéticas. Algumas regiões dessas moléculas se atraem porque possuem cargas elétricas diferentes, e outras se aproximam porque têm a mesma afinidade (hidrofilia ou hidrofobia). Também nesse caso, o uso do antropomorfismo pode ajudar a compreender algumas noções!

Atenção! Mesmo que se leia numa lista de ingredientes "Pectina E440", não se deve acreditar que só existe uma (fórmula química de) pectina (ao contrário do sal, que será sempre NaCl). As pectinas representam uma grande família de macromoléculas. Trata-se de diferentes moléculas de açúcares simples, unidos uns aos outros (polimerizados), e por isso mesmo chamados polissacarídeos.

O comprimento e as configurações espaciais dos polissacarídeos conferem às pectinas toda uma variedade de propriedades químicas e mecânicas: os géis serão, assim, mais ou menos resistentes ao calor, mais ou menos elásticos ou quebradiços, reforçados na presença de cálcio, de íons H+ (acidez), de açúcar...

Polissacarídeo

Os grupos ácidos –COOH das cadeias podem ser metoxilados (presença de um grupo $-OCH_3$) ou amidados (grupo $-ONH_2$). Conforme a quantidade desses três grupos químicos sobre as cadeias, as pectinas não terão as mesmas propriedades físico-químicas. Falaremos respectivamente de pectinas "LM" (fracamente metoxiladas), "HM" (altamente metoxiladas), ou "LMA" (amidadas). Assim, um confeiteiro não utilizará as mesmas pectinas quando fizer uma cobertura, uma calda ou uma geleia.

QUE PECTINA ESCOLHER?

Existem basicamente três tipos de pectinas no mercado, que devem ser usadas com discernimento.

• *As pectinas HM* (altamente metoxiladas), que gelificam em meio muito açucarado e ácido. Elas convêm perfeitamente às geleias.

Os géis são firmes e resistentes. São encontradas nos "açúcares para geleias".

- *As pectinas LM* (fracamente metoxiladas) formam geleias leves. Fracamente dosadas, espessam as misturas e sucos, lhes dão textura e convêm perfeitamente às coberturas. As tortas bem brilhantes nos mostruários são revestidas de uma mistura de xarope de açúcar e pectina LM.
- *As pectinas LMA* (amidadas) aproximam-se da pectina LM, porém, por meio de uma mutação química, reagem mais à presença de cálcio (poder gelificante reforçado). São encontradas nos géis à base de leite ou creme (*panna cotta*, leite gelificado e pudim).

Chega de gestos infundados

Muitas vezes ouvimos dizer que a cozinha molecular busca livrar a cozinha de gestos infundados. É verdade, e veremos alguns exemplos no capítulo seguinte, dedicado à maionese. Revelamos aqui que determinados gestos às vezes são cientificamente justificados.

É bem provável que nossas avós, como os antigos chefs, ignorassem o que era osmose ou pH, mas, por experiência, sabiam empregá-los de modo intuitivo. Ilustremos essa afirmação com dois truques conhecidos.

- *Para que uma geleia dê certo, é preciso deixar as frutas descansando no açúcar durante várias horas.* É verdade! Por osmose, o teor de água e açúcar ficará equilibrado entre a fruta e o suco assim obtido. Esse fenômeno é lento e requer muitas horas.

Da mesma forma, cristalizar frutas também exige um bom controle desse jogo de equilíbrio de concentrações. Se mergulhamos a fruta num xarope concentrado demais, a água de constituição sairá da fruta para tentar, em vão, dissolver o excesso de açúcar do xarope. A fruta resseca e "encolhe". Se, ao contrário, mergulhamos a fruta num xarope diluído demais, ela vai cozinhar e se decompor com uma textura entre a da compota e a da geleia. Portanto, é preciso medir a quantidade de açúcar presente na fruta e ajustar a densidade do xarope de açúcar. No caso das geleias, as frutas cozinharão melhor e preservarão melhor sua forma se descansarem em açúcar antes de serem cozidas.

- *Suco de limão ajuda o ponto das geleias (frutas vermelhas, cassis, groselha).* Também é verdade! A "pectina" da geleia, naturalmente presente na fruta e encontrada nos "açúcares para geleia", é uma molécula sensível ao teor de açúcar e à acidez do meio. Em meio ácido, suas cargas elétricas são neutralizadas, de modo que as cadeias não mais se repelem. Entrelaçam-se com facilidade e formam uma rede: a geleia engrossa! A adição de suco de limão (pH ~2,5) contribui para a realização desse fenômeno. Em segundo lugar, os pigmentos das frutas vermelhas, chamados antocianinos, são também muito sensíveis ao pH: em meio ácido (pH < 7) a cor é vermelho-vivo, enquanto em meio básico (pH > 7) torna-se azul-escuro. Uma geleia acidulada de framboesa ou groselha será de um vermelho brilhante e muito mais apetitosa. Se o acaso existe (e não acredito nisso!), ele trabalha bem, pois acrescentar suco de limão é duplamente benéfico!

OSMOSE

A osmose é um fenômeno de difusão que se produz entre dois líquidos de composições químicas diferentes, separados por uma membrana semipermeável. O estado mais estável será aquele no qual as concentrações são iguais dos dois lados da membrana.

Se as moléculas ou íons são suficientemente pequenos, conseguem atravessar os poros da membrana e se difundem por osmose. Na cristalização, a fruta é mergulhada num xarope mais rico em açúcar, que a sela de maneira natural.

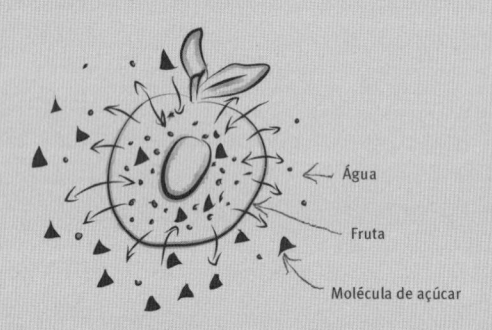

Cristalização e osmose

As moléculas de açúcar (simbolizadas por triângulos)
infiltram-se nas polpas das frutas, enquanto
a água (pequenos pontos) migra para o exterior.

Assim, a água da fruta sai para dissolver o excesso de açúcar do xarope, enquanto o açúcar do xarope penetra na fruta para equilibrar sua concentração dos dois lados da casca.

É também pelo processo de osmose que se produz água doce a partir da água do mar, agindo sobre a concentração de sal através de uma membrana.

> **PH E MIRTILOS**
>
> Para testar o efeito do pH sobre a cor de um suco de fruta vermelha, pingue sobre ele algumas gotas de limão, de vinagre branco, mas também uma pitada de bicarbonato de sódio (ou fermento químico). Com algumas precauções suplementares e, claro, sem consumir os preparados, teste ácidos mais fortes e soda cáustica. As cores mudam e alternam entre vermelho e azul-escuro. O repolho roxo também apresenta essa característica, e pode-se observar nele toda uma gama de cores (vermelho, rosa, violeta, azul, verde, amarelo). Centrifugue um repolho para extrair seu suco e divirta-se testando as cores!
>
> Para ir mais longe ainda, bata mirtilos no liquidificador com um pouco de água e bicarbonato de sódio. Coe e coloque no fundo de um copo. Pingue suco de limão e observe. O ácido neutraliza o bicarbonato, que é base, o que produz gás carbônico. A espuma obtida muda de cor porque os antocianinos, a princípio escuros no meio básico, tornam-se vermelhos em meio ácido.
>
> Com um pouco de imaginação, uma floresta negra poderia se tornar uma floresta vermelha espumante! (Ver Epílogo e Figura 27.)

Galantinas (fúnebres)

As galantinas sempre me intrigaram e confundiram. Ao longo dos mostruários de entradas frias nos restaurantes, aqueles medalhões de gelatina parecem nos observar. Os ingredientes (meio ovo cozido, ervilhas, cenouras) parecem opacos e inanimados, como aquelas decorações fúnebres em que as flores são recobertas de resina, vitrificadas para todo o sempre. A apresentação é sempre um pouco obsoleta e lembra o passado, com aqueles enfeites de maionese, salsa e meia rodela de tomate colocados na beira do prato. Essas galantinas são feitas com gelatina animal. Muitas vezes mal dosado, o gel é opaco e fica quebradiço. Não há o que temer, os ingredientes incorporados não vão fugir!

Oito folhas, nove folhas, dez folhas por litro... Seja nas entradas ou nos doces (*bavaroise*, musse etc.), a gelatina muitas vezes é usada em excesso. Por medo que não endureça, o aprendiz ou o novato não hesitará em acrescentar mais uma folha, "por via das dúvidas". Mas um gel concentrado demais será menos saboroso (pois as moléculas sápidas terão mais dificuldade para migrar e se infiltrar em nossos órgãos receptores), mais opaco (tornando os elementos nele misturados menos visíveis e atraentes) e, na boca, se tornará quebradiço, em vez de se dissolver. Por fim, no que diz respeito à gelatina, é impossível pensar em raviólis quentes ou galantinas de legumes mornos, pois o gel derrete em torno de 40°.

Felizmente, há inúmeras outras moléculas gelificantes naturais, vegetais, com múltiplas e variadas propriedades térmicas e mecânicas. Então, adeus colágeno, pele, tendão de boi, vaca, porco, ninhadas inteiras. É para o mundo dos vegetais, sobretudo para o das algas, que devemos nos voltar para testar novas texturas frias ou quentes!

A QUÍMICA DO SABOR

Percebemos os sabores pois as moléculas sápidas vêm se fixar em nossos receptores químicos, que transformam a informação recebida em sinal elétrico, logo mandado para nosso cérebro, que transcreve os estímulos em imagens, emoções e sensações organolépticas. Os receptores estão presentes na língua sob a forma de papilas gustativas, mas também no palato, nas bochechas e no fundo da garganta. A retro-olfação, aliás, é muito importante na apreciação de um sabor, sendo o cheiro indissociável do sabor.

Além dessas excitações químicas e elétricas, convém levar em consideração a textura. Um preparado muito firme, por exemplo, de dez folhas de gelatina por litro, não terá o mesmo sabor que aquele obtido com apenas seis folhas por litro. O gel mais firme será menos saboroso, porque as moléculas sápidas, bloqueadas, terão dificuldade de se difundir até nossos receptores. Com muita frequência, ao realizar preparados supergelificados, por serem mais fáceis de enformar e fatiar, a forma é privilegiada em detrimento do sabor. O resultado sem dúvida é belo, mas pouco saboroso! Ao contrário, numa estrutura flexível, a difusão será mais fácil.

Encontramos esse efeito de textura em outros preparados alimentares. Nas marinadas, por exemplo, constatamos que um pernil de boi será mais difícil de perfumar interiormente que um filé de frango. Uma vez mais, isso se explica pelo fato de que o arranjo espacial das fibras (colágenos, miofibrilas) e seus comprimentos não são os mesmos nas duas carnes, o que faz com que as moléculas aromáticas se difundam com maior ou menor facilidade.

Moléculas aromáticas

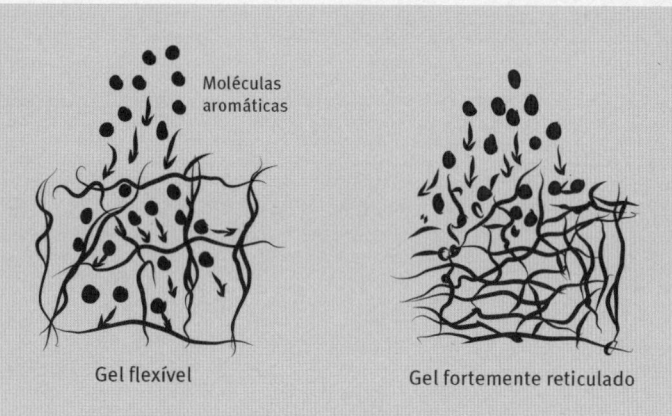

Gel flexível   Gel fortemente reticulado

Difusão de moléculas aromáticas numa marinada

Nós sugerimos fazer marinadas a vácuo contínuo: colocamos os alimentos no líquido aromático e introduzimos o conjunto num recipiente fechado. Cria-se o vácuo aspirando continuamente o ar com uma bomba.

O líquido perfumado é mecanicamente obrigado a migrar pelos canais e fibras das carnes (peixes, frutas e legumes). Assim, em vez de deixar marinar as peças de carne por 24 ou 48 horas, como se costuma preconizar, perfuma-se o interior em apenas trinta minutos.

Esse processo inovador é eficiente, rápido e limita em grande escala o risco bacteriológico, sempre presente nos preparados que demandam várias horas.

Ágar-ágar, carrageninas e outros gelificantes "modernos"

Mesmo que as texturas sejam inovadoras, os gelificantes vegetais que empregamos são antigos e nada têm de "moleculares", no sentido de *"recém*-descobertos". Para nosso duplo azar, só *há pouco tempo* eles foram colocados no mercado e rotulados com a etiqueta "molecular" pelos vendedores de kits e produtos em pó. Ora, o setor agroalimentar os utiliza há muito mais tempo que a dona de casa, e alguns povos bem poderiam sorrir com essa classificação.

O ágar-ágar, ou *kanten*, é conhecido há séculos pelos asiáticos, enquanto as carrageninas eram empregadas pelos irlandeses desde o século XVII. Estes últimos arrancavam as algas vermelhas (*Chondrus crispus*) de seu litoral, enxaguavam-nas e depois as ferviam em leite. Após o resfriamento, obtinham leite gelificado. Hoje, essa alga, referenciada sob o código E407, encontra-se em praticamente todas as sobremesas lácteas.

Carragenina ou alga vermelha (ou ainda E407)

Alguns, erroneamente, chamam-na de gelatina vegetal porque ela produz géis com propriedades muito semelhantes às da gelatina (animal): elasticidade, flexibilidade e baixa resistência à temperatura. As moléculas que a constituem têm uma força gelificante que aumenta na presença de cálcio, por isso sua utilização nos preparados à base de leite. Essa *sinergia* permite reduzir ainda mais a quantidade a ser introduzida nos preparos a fim de obter a gelificação. Trabalhamos com algo entre 0,1% e 0,5% em massa. Essa realmente é uma porcentagem muito baixa, sobretudo comparada com a gelatina, que usamos num percentual em torno de 2% a 3% em massa! Isso significa ainda que é preciso trabalhar com uma balança de precisão que marque duas casas depois da vírgula. Também não deveria haver diferenças entre os cozinheiros, que têm a reputação de trabalhar "no olho", e os confeiteiros, famosos por serem mais precisos.

Aqui, todos devem ter o mesmo rigor e a mesma exatidão. No emprego desses gelificantes poderosos, nenhum erro é tolerado, porque é muito rápida a transição entre um preparado com pouca firmeza e uma gelatina com consistência de pneu! A dosagem evolui conforme o teor de açúcar, sal, cálcio e gordura.

De um produto a outro, tudo muda. É também com isso que se deve tomar cuidado nos livros de culinária molecular que dão receitas em gramas (ou saquinhos). O resultado muitas vezes é bonito, mas muito decepcionante ao paladar, porque supergelificado e, afinal, inadaptado aos produtos que empregamos.

No entanto, superada essa dificuldade, usar tais agentes de textura permite uma grande liberdade e abre inúmeros caminhos que o uso apenas da gelatina não nos permitiria percorrer.

Os polímeros extraídos das algas apresentam outras diferenças e vantagens: o caráter não calórico da maioria desses gelificantes; sua origem vegetal, conveniente a todas as correntes religiosas ou filosóficas; sua dosagem muito baixa; a resistência de alguns (alginato e ágar-ágar, por exemplo) a temperaturas superiores a 60°.

COQUETÉIS SÓLIDOS

Em vez de servir os infalíveis amendoins e azeitonas, por que não oferecer como tira-gosto o próprio coquetel, algo que em geral bebemos?

Desde que as bebidas não sejam ácidas demais nem tenham excessiva concentração de álcool, é possível gelificar a maioria dos coquetéis com ágar-ágar.

Façamos, por exemplo, um cubo mágico de B52! (Ver Figura 17.)

- Ferva, em separado, triplo seco (licor cítrico incolor), licor de uísque e uma mistura de café + licor de café com cerca de 0,5% em massa de ágar-ágar.
- Despeje os três preparados em moldes retangulares com 1cm de altura. Resfrie para endurecer.
- Desenforme as gelatinas e corte-as em cubos de 1cm de lado. Monte um cubo mágico alternando os três tipos de gel.
- No momento de servir, regue com um pouco de triplo seco quente e flambe. Salpique com canela se desejar obter pequenas fagulhas. O calor da chama amaciará a textura e proporcionará um belo espetáculo para seus convidados!

Espaguetes vegetais

Mais divertidos que as galantinas, os espaguetes vegetais são feitos em belos formatos. Fiapos de molho, espaguetes de tomate (para misturar com talharim), enfeites para aperitivos, espiral de fruta... As formas se apresentam em aplicações salgadas e doces. Além do aspecto lúdico, eles fazem com que as crianças consumam legumes: um canudo brilhante de cenoura é mais bonito e divertido que uma concha de purê amorfo e amarronzado!

ESPAGUETES VEGETAIS

- Misture 1g de ágar-ágar com 140g de suco de tomate temperado. Ferva por um minuto batendo vigorosamente.
- Use uma seringa para cateter (bico grosso) e um tubo plástico com 6-7mm de diâmetro. Aspire o líquido ainda quente para o tubo puxando com a seringa, sem deixar que o líquido penetre nela. Retire a seringa juntando as duas extremidades do tubo com as mãos (atenção ao princípio dos vasos comunicantes!).
- Deixe endurecer em ambiente frio. Para retirar o preparado, encha a seringa de ar (ou água), religue-a ao tubo e empurre sem parar. O espaguete de tomate sai pouco a pouco, e pode ser cortado, amornado etc.
- Ideia: coloque uma pequena espiral na colher de canapés. No centro, ponha vinagre balsâmico reduzido, depois uma bolinha de mozarela. Arrume algumas folhinhas de manjerona, um fio de azeite de oliva e alguns cristais de flor de sal... e eis um canapé de salada caprese altamente "molecular".

(Ver também o espaguete vegetal de menta na Figura 9.)

1. Musse de lima-da-pérsia
A técnica e o domínio da alga *kanten* (dosagem exata e temperatura ideal) permitem a confecção de uma musse com mais de 99% de suco de lima-da-pérsia.

2. O ovo quente frito cúbico

3. Gema centralizada

4. Ovo em banho-maria

5. Ovo mexido Porto-Flip sem cozimento

A mistura de vinho do Porto e conhaque é destilada de novo. A fase rica em álcool, contendo ingredientes voláteis e aromáticos, é derramada sobre a gema de ovo crua. Ao se misturar, o ovo coagula e "cozinha" a frio. O preparado é servido sobre uma fatia de pão de miga com manteiga. (Receita de Thierry Marx)

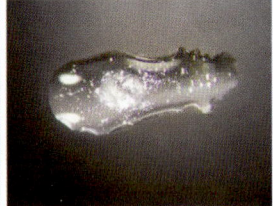

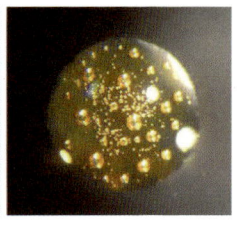

6. Transformação do açúcar
Com a elevação da temperatura, os cristais de açúcar (sacarose) derretem, primeiro açúcar cristalizado e depois caramelo.

7. Cristais de sal

8. Cozimento de vegetais com água gasosa
Teste de cozimento de vagem e brócolis em água gasosa (à esquerda), em água pura (centro) e em água com limão (à direita).

9. Construções em torno da menta
Espaguete vegetal de menta (ágar-ágar), musse de menta e inclusão líquida.

10. Ervilhas à francesa
A encapsulação permite reproduzir ervilhas a partir de uma polpa. É também possível trabalhar com texturas de ervilhas frescas e polpas cozidas. As vagens, moídas com hidrogênio líquido, formam um sorvete em pó.
(Receita de Thierry Marx)

11. Gel de alginato
Caviar de curaçau.

12. Gim-tônica fosforescente
Sob luz negra (ultravioleta), o quinino
contido na água tônica se torna fosforescente.

13. Cápsula vegetal
Inclusões de suco e de raspas de limão.

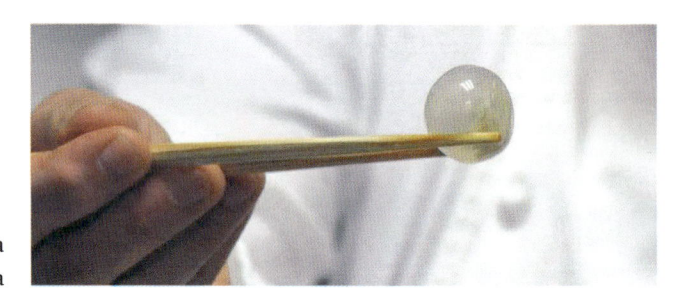

14. Bolinha de ostra

15. Bolha vegetal
330ml de água encapsulada numa membrana com o feitio de cereja.

16. Tequila Sunset
Em primeiro plano, Tequila Sunset (com um dégradé no alto do copo). Ao fundo, Tequila Sunrise (com dégradé na parte de baixo do copo).

17. Um cubo mágico de B52
O coquetel gelificado (triplo seco, creme de uísque, licor de café) se transforma em tira-gosto e substitui batatas fritas e amendoins.

18. Testes de expansão a vácuo (*sous vide*)
Musses idênticas (respectivamente, de chocolate e de cenoura) resfriadas em pressão atmosférica (acima) e a vácuo moderado (abaixo).

19. Peito de frango
Musse de leite de coco resfriada a vácuo moderado. (Receita de Thierry Marx)

20. Omelete suflê cozido a vácuo

21. Caramelo expandido e resfriado a vácuo

22. Bloody Mary transparente

23. **Tomate centrifugado**
Ao colocar suco de tomate numa centrífuga, separamos as polpas (no fundo do tubo), a água (no meio) e as fibras (no alto do tubo). Assim, pigmentos e aromas separam-se fisicamente. O Bloody Mary pode ser revisitado num coquetel incolor de notas frescas e "verdes" (clorofilas).

24. Torta de maçã líquida
O trabalho com a centrifugação nos permitiu criar o conceito de doce líquido. Aqui, a torta de maçã líquida, feita com suco de maçãs caramelizadas e água de massa folhada.

25. Bellini
A crioconcentração e o emprego de nitrogênio líquido permitem concentrar sabores usando temperaturas frias e propor formatos inéditos. Bolas de champanhe rosado, polpa de pêssego.

26. Piña Colada em pó

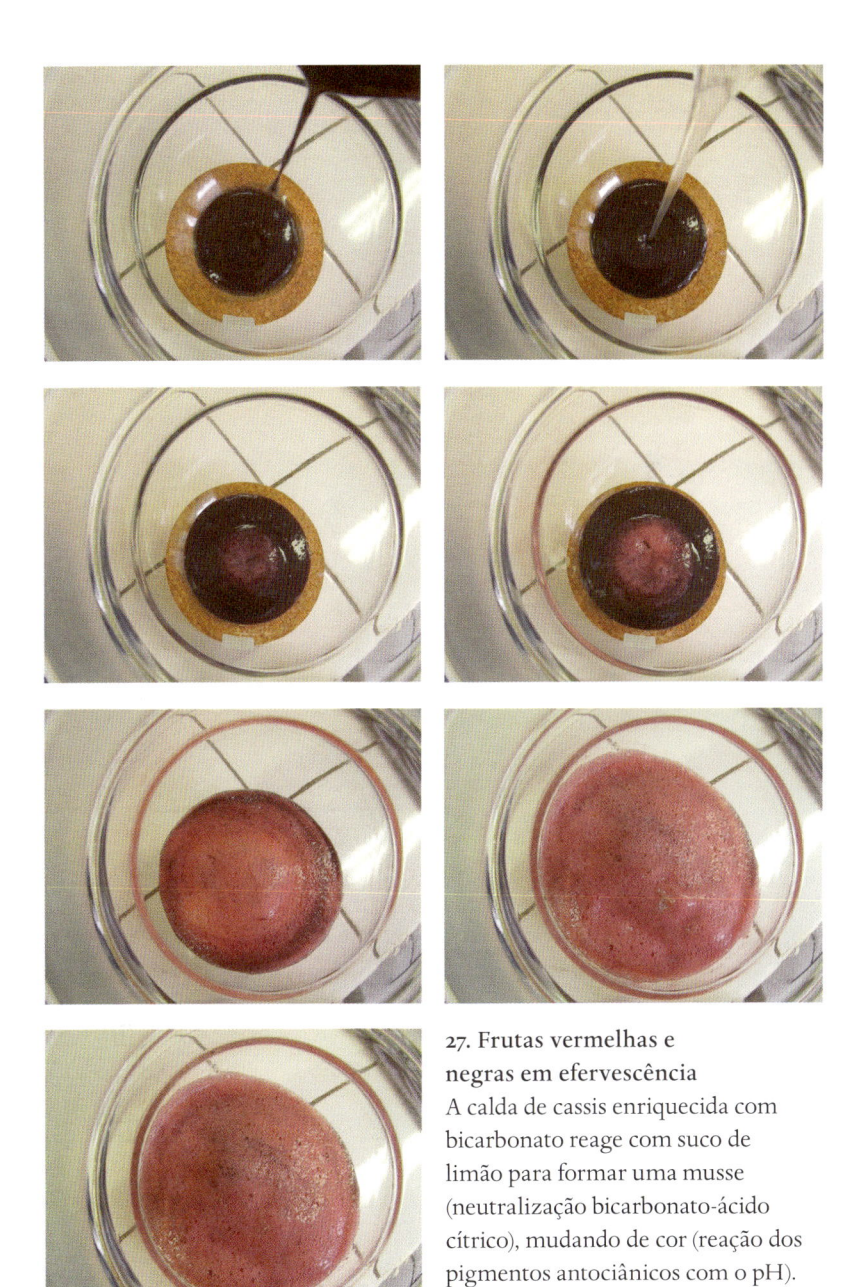

27. Frutas vermelhas e negras em efervescência
A calda de cassis enriquecida com bicarbonato reage com suco de limão para formar uma musse (neutralização bicarbonato-ácido cítrico), mudando de cor (reação dos pigmentos antociânicos com o pH).

28. Palestra-demonstração
Thierry Marx e Raphaël Haumont em palestra-demonstração.

E406 orgânico

Agora que se multiplicam as polêmicas no setor agroalimentar, o desperdício é censurado com veemência e nos falam em energia verde, as pessoas se tornam cada vez mais conscientes do que comem e bebem. Os "orgânicos", as cestas de legumes entregues diretamente para os moradores das cidades e o belo marketing em papel kraft estão na moda. Alguns aproveitam para nos vender seus "produtos exclusivos" enquanto dirigem carros a diesel pela rua.

Mas voltemos às algas: não seria incoerente, embora um tanto hilariante, propor agentes de textura do tipo "E406 de origem orgânica". De fato, as algas poderiam ser cultivadas respeitando-se os critérios das etiquetas orgânicas. Teríamos então ágar-ágar E406, k-carrageninas E407 e alginatos E401-E404 "orgânicos". "E" não significa "tóxico" (portanto químico!), e sim *Europa*: todos os aditivos levam um código europeu a fim de serem identificados.

Expliquemos que a palavra *aditivo* também não significa "tóxico" ou "químico". Como o nome indica, ele é um ingrediente *adicionado*. O amido (nossa boa e tranquilizadora farinha) leva o código E1400. Sem dúvida é mais sensato e muito mais atraente colocar numa embalagem "amido", em vez de E1400, assim como seria conveniente escrever "algas trituradas" em lugar de E406. Aliás, o fabricante manterá silêncio quanto ao fato de que o "amido modificado" é exatamente um amido modificado quimicamente, e que ele é muito menos natural que o nosso E406. É preciso que as noções de química, toxicidade, periculosidade, sintético, natural e artificial sejam conhecidas pelos consumidores. Esse questionamento é absolutamente legítimo, e de boa vontade admito que as amálgamas são possíveis, e as analogias, rápidas demais, e que às vezes é complicado diferenciar todas essas noções.

Pérolas de sabor

Nós nos referimos aqui a diversos tipos de gelificantes com propriedades térmicas e mecânicas muito variáveis. A clara de ovo é um gel químico irreversível, enquanto o ágar-ágar, as carrageninas e a gelatina animal formam géis físicos reversíveis. Os géis de pectinas classificam-se na categoria de géis físicos, mas cujas propriedades dependem da química da solução (alguns géis, os "HM", são reforçados em meio ácido, enquanto outros, "LMA", o são na presença de cálcio). Nós nos interessamos por uma última família de moléculas gelificantes: os alginatos.

Os géis de alginato de cálcio estão classificados entre os géis químicos: uma vez formados, são estáveis e termoirreversíveis. Em outras palavras, sob o efeito de excessivo aquecimento, a estrutura se romperá mesmo antes de derreter. A criação de pérolas de alginato, num processo chamado esferificação, contribuiu para a fama internacional dos chefs "moleculares", entre eles o inevitável Ferran Adrià. Embora já conhecido em farmácia na encapsulação dos princípios ativos, o processo precisou esperar que esse chef o transpusesse para a gastronomia, apresentando pérolas recheadas de líquido tão uniformes que elas podem ser confundidas com ovas de peixe. Como o nitrogênio líquido e os espaguetes de ágar-ágar, as pérolas de alginato continuam ainda hoje a ser um dos pontos fortes da culinária molecular (ver Figuras 11 e 14).

Os alginatos, como as pectinas, são polissacarídeos estruturais (polímeros de açúcares). Eles são o equivalente, para o mundo marinho, da celulose das plantas da terra, pois garantem a coesão do esqueleto vegetal das algas. Encontram-se em elevada quantidade (até 40% do extrato seco) nas algas laminares escuras. As algas estão presentes em inúmeros aspectos do dia a dia (agente espessante nos cosméticos, difusão de princípios ativos em farmácia, "curativos líquidos" em dermatologia, moldes dentários, estabilização das tintas de impressão etc.). No setor agroalimentar, elas estão sob a forma de alginatos (de sódio, potássio etc.), pertencendo à categoria dos aditivos espessantes-gelificantes sob os códigos E401-E404, utilizados sobretudo nas bebidas e sobremesas lácteas.

Para um cozinheiro, a escolha do fornecedor é primordial: além do fato de garantir a pureza e a granulometria dos pós, é preciso estar atento à constância do poder gelificante de um lote a outro, pois isso depende das algas escolhidas.

Na cozinha, os alginatos de sódio são dissolvidos no preparado que se deseja encapsular. Depois é preciso formar as gotas, que são mergulhadas numa solução de cálcio, como leite, creme de leite ou água muito dura (rica em cálcio e magnésio). Também é possível usar sais de cálcio (lactato ou cloreto). As dosagens clássicas são 0,7-0,8% em massa de alginato de cálcio, e 1-2% de sais de cálcio.

A química dos alginatos é tal que esses polímeros são sensíveis ao álcool e à acidez. Quando o pH é inferior a 4, os alginatos gelificam espontaneamente (formando o ácido algínico), o que torna impossível a gelificação com o cálcio e a formação das pérolas. O truque consiste em neutralizar a acidez com uma base, por exemplo, citrato de sódio. Então o pH volta

ÁCIDO ALGÍNICO E ALGINATOS

Dizem que o ácido algínico, isolado em 1880, é um polímero em blocos porque é constituído de um encadeamento de dois tipos de moléculas (monômeros): o ácido gulurônico (G) e o ácido manurônico (M). A quantidade relativa desses dois monômeros e sua repartição espacial (exemplos: MMMGGGMMMGGG..., GMGMMG-MGGMGMMGMG) dependem da espécie de alga escolhida, mas também da localização geográfica em que é feita a colheita e da estação. Suas propriedades físico-químicas são muito variáveis.

A gelificação dos alginatos de sódio realiza-se nas soluções de cálcio. A dupla carga positiva do cálcio (íon Ca^{2+}) compensa simultaneamente dois íons de sódio (com uma só carga, Na^+), o que permite unir duas cadeias de alginatos por interações eletrostáticas. Dessa forma, as moléculas se interligam, o sistema gelifica. Na verdade, são os blocos G carregados (gulurônicos) que interagem com o cálcio. Conforme a repartição desses blocos nos polímeros e sua quantidade relativa em comparação aos blocos M (manurônicos), o gel será mais ou menos firme. A estrutura molecular assim obtida é tal que se fala de configuração em "caixa de ovos".

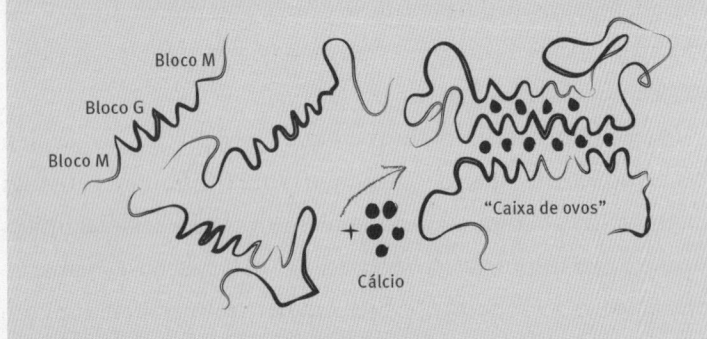

a subir, e os alginatos são estabilizados. Com esse processo, porém, perdemos o ataque ácido ao paladar, que pode ser primordial no equilíbrio de um prato. Pérolas de suco de limão sem acidez não têm mais interesse algum! Todas essas restrições limitam fortemente as aplicações dos alginatos de sódio na cozinha.

Da mesma maneira, é impossível, por esse processo "direto", encapsular pérolas de creme inglês e outros produtos lácteos: sua riqueza natural em cálcio provoca a imediata precipitação dos alginatos. Para evitar isso, sugeriu-se uma técnica de "esferificação inversa". Nela, um preparado líquido rico em cálcio é mergulhado num banho de alginato de sódio. Na superfície das pérolas ocorre a gelificação. Após um tempo de repouso nesse banho (exatamente de trinta segundos a um minuto), as pérolas são enxaguadas em água limpa para eliminar o excedente de algas. Essa técnica, embora mais delicada para ser executada que o processo direto, tem a vantagem de formar pérolas estáveis e com o interior muito líquido. No processo direto, o interior líquido contém algas, o que espessa o preparado, tornando-o pouco estável. Na superfície, o cálcio consegue se difundir no interior da pérola, o que muitas vezes resulta em gelificação interna. Perde-se, então, aquela qualidade de "explosão na boca", o que, uma vez mais, reduz consideravelmente o interesse das pérolas.

Se forem bem-feitos, os *kirs* e coquetéis com pérolas de alginatos são tão bonitos quanto saborosos, oferecendo ao mesmo tempo uma interessante dinâmica de degustação. Um gim-tônica feito de pérolas de água tônica torna-se fosforescente sob luz negra (UV, luzes de bares), pois o quinino nele contido é sensível a essas radiações (ver Figura 12). Além disso, na de-

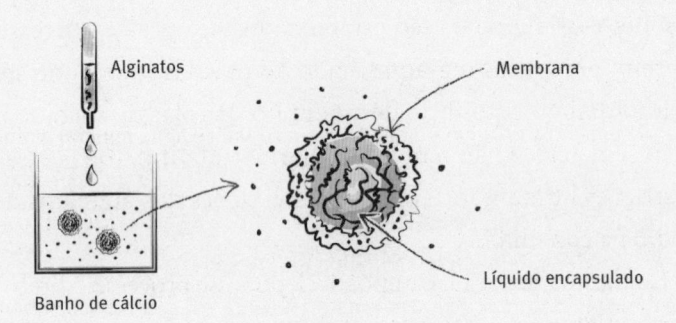

Processo de encapsulação "direta"

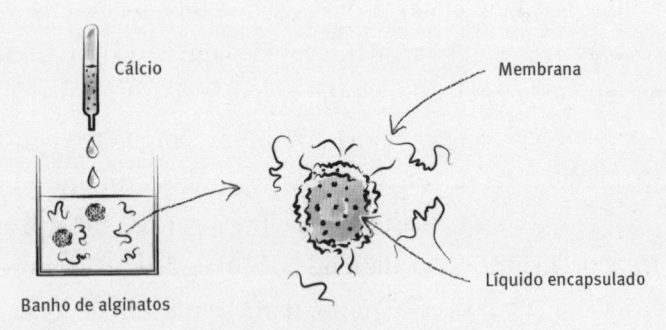

Alginatos · Membrana · Líquido encapsulado · Banho de cálcio

Processo de encapsulação "inversa"

Cálcio · Membrana · Líquido encapsulado · Banho de alginatos

gustação, os sabores se revelam pouco a pouco ao paladar, a cada vez que os dentes estouram as pérolas. Ao misturarmos vários gostos, os sabores se criam e se diversificam à medida que bebemos ou comemos. Um ótimo champanhe, por exemplo, pode ser primeiro degustado sozinho, depois reinterpretado num *kir* que surge na boca quando decidimos liberar o conteúdo de uma pérola. Por analogia com a arte cinética, o prato se transmuta com o tempo: o espectador-consumidor torna-se ator e toma parte na obra-prato.

> **PÉROLAS DE MENTA (PARA CRIANÇAS)**
>
> - Despeje 0,8g de alginato de sódio em 100ml de água mineral amornada (muito pobre em cálcio e magnésio). Para facilitar a operação, podemos misturar o alginato com um pouco de açúcar refinado.
> - Misture bem, até obter um líquido homogêneo.
> - Acrescente xarope de menta (de 2 a 4 colheres, conforme o sabor desejado). À parte, dissolva 2g de lactato de cálcio em 100ml de água (filtrada).
> - Com a ajuda de um conta-gotas, uma seringa ou uma colherzinha, deixe cair gotas de alginato com menta na solução de cálcio. Atenção para não molhar o conta-gotas na solução. Retire as pérolas formadas com a ajuda de uma escumadeira. Passe-as em água limpa e sirva-as.

Dinâmica culinária

De modo mais global, o conceito de "dinâmica culinária" é um apaixonante eixo de pesquisa que convém aprofundar. Hoje, Thierry Marx e eu procuramos elaborar texturas que evoluam diante do cliente: com pectinas, conseguimos criar doces pastosos instantâneos (a mistura de dois líquidos forma uma textura de geleia no prato), musses de frutas vermelhas que mudam de cor (ver Epílogo e Figura 27), ou ainda uma maionese que engrossa instantaneamente diante dos convivas (mais uma vez, a ideia é despejar dois líquidos numa travessa, e eles reagem para assumir a textura de maionese sem se fazer nada para isso!). Em todos esses casos, é preciso, ao mesmo tempo, relacionar reações físico-químicas e receitas! O trabalho sinergético ciência-cozinha encontra aqui todo o seu sentido.

BELLINI (PARA PERITOS!)

- Dissolva 1g de lactato de cálcio em 100ml de polpa ou suco de pêssego branco. Congele em formas de gelo.
- Prepare um banho de alginato concentrado a 0,5% em massa, observando as precauções indicadas antes na receita das "pérolas de menta". Quando os cubos de gelo se formarem, mergulhe-os no banho de alginato. Espere cerca de um minuto para que se crie a película.
- Retire com delicadeza as pérolas formadas e mergulhe-as num banho de água para retirar o excesso de alginatos da superfície. Deixe descansar em água pouco açucarada ou, melhor ainda, em suco de pêssego.
- No momento de servir, encha taças de champanhe e coloque delicadamente uma ou duas pérolas. Sirva com um canudo para que o convidado fure a membrana e libere a polpa de pêssego.

Essa receita se estende a todos os *kirs*, com seus perfumes preferidos!

Outra versão de Bellini é proposta na Figura 25, em que empregamos nitrogênio líquido para encapsular a polpa de pêssego num sorvete de champanhe.

A embalagem do futuro?

Nosso trabalho relacionado à encapsulação ultrapassou afinal o campo da gastronomia para se referir à noção de embalagem biodegradável, seja ela comestível ou não. Como desafio, procuramos criar as maiores pérolas de alginato possíveis, até conseguirmos chegar aos 330ml. Aí, novas questões se apresentaram.

Com misturas especiais de algas e polímeros naturais, o objetivo é saber se conseguiremos nos livrar, mais ou menos em curto prazo, dos plásticos e latas. Imagine o distribuidor de bebidas do futuro entregando latas vegetais. Você pode decidir comer o recipiente, pois teriam acrescentado a ele algum sabor (raspas de chocolate, coco ralado), ou preferir se livrar dele, sabendo que no fim de alguns dias na terra a membrana terá se decomposto (ver Figuras 13 e 15). O desafio é o tamanho, pois, por definição, a embalagem é o que separa o produto do mundo externo contaminado, e em geral não é consumida. As pesquisas atuais se ocupam de permeabilidade, equipamentos mecânicos e conservação (congelamento, pasteurização etc.) dessas películas.

5. Desanda, acelera, emulsiona!

> "O homem que nada tenta só erra uma vez."
>
> LAO TSÉ

A MAIONESE ÀS VEZES DESANDA? Ou será que você nunca acerta? Pelo menos você já tentou preparar uma maionese em vez de comprá-la pronta, o que deve ser creditado a seu favor! Pois tranquilize-se agora, prometo que nunca mais você vai errar, depois de ter lido estas páginas.

Você não encontrará aqui nenhum dos conselhos habituais: tirar o ovo da geladeira antes, para ele ficar à temperatura ambiente; ou, ao contrário, deixá-lo na geladeira para ficar com a gema bem fria; a famosa "mexida em oito"; a adição de mostarda para que cresça melhor. Infelizmente, a lista é longa! Nada disso, portanto! A maionese é uma emulsão. O jeito é encontrar o equilíbrio certo entre água e óleo. A lecitina contida na gema é um tensoativo que ajuda a associar intimamente esses dois líquidos imiscíveis e dar à mistura a maior estabilidade possível (fala-se em líquido metastável). Assim, para obter a textura da maionese, é preciso azeite (ou qualquer outra gordura líquida), água (ou qualquer outro líquido aquoso) e um tensoativo. Vamos ver os detalhes e acertar a mão na maionese. E depois vamos brincar na cozinha para inovar em torno dessa textura emulsionada.

Aprenda com os erros

Antes de mais nada, como ter certeza de que a maionese vai desandar? A pergunta parece estranha? Nem tanto. Já vi muitas vezes, nos cursos de culinária das escolas de hotelaria, o aluno tentar fazer uma maionese e desandá-la. O professor ordena ao aluno que recomece tudo no mesmo instante. "Sim, chef!" O aluno joga fora a maionese e tenta de novo, rezando para que a mistura dê certo. Como esse aluno pode progredir em tais condições de aprendizado? Bastaria recuperar da lata de lixo a maionese desandada, observá-la ao microscópio, verificar que contém gotas grandes de azeite, mas também outras bem pequenas, que aquilo não parece estável, nem homogêneo etc., e que é preciso aprender com os erros! (E não venham me dizer que isso demanda tempo e que um microscópio custa caro, pois a observação é feita em cinco minutos e é útil para a turma toda; e hoje é possível comprar um pequeno microscópio por uma centena de reais.)

Em pesquisa, nos alegramos (mas não com muita frequência) quando uma experiência fracassa e progredimos na compreensão do sistema estudado. Quando ela tem sucesso na primeira tentativa, passamos para outra coisa, mais complexa, a fim de verificar nossos limites e por que malogramos. É apenas nesse estágio que convém aprofundar os conhecimentos, reorientar as pesquisas, desenvolver novas ferramentas de investigação e, portanto, seguir adiante!

Para desandar com facilidade uma maionese, basta despejar todo o azeite de uma só vez sobre a gema e misturar... em vão! Sem dúvida, se tentamos dispersar finas gotículas de óleo em água, é preciso evidentemente despejar o azeite muito deva-

EMULSÕES, MICELAS

A maionese é um equilíbrio entre a água (contida na gema de ovo), o azeite (que acrescentamos) e as moléculas tensoativas de lecitina (também contidas na gema). A reunião desses três componentes forma uma emulsão, desde que respeitadas suas proporções relativas e obtida uma mistura homogênea.

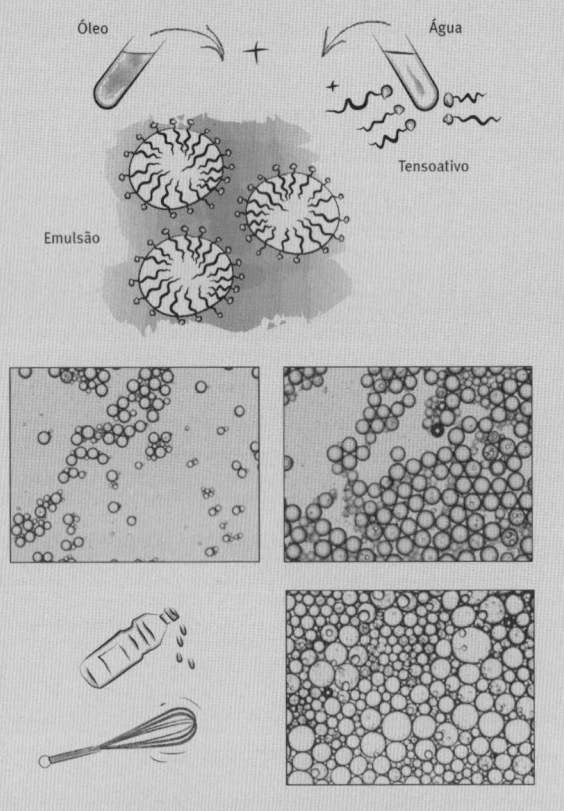

Maionese em processo de formação

Quando a maionese toma ponto, as gotículas de azeite bloqueiam umas às outras.

As lecitinas são moléculas constituídas por uma longa cadeia lipofílica que vem se alojar nas gotículas de azeite e uma cabeça hidrófila que permanece na superfície. Ao bater energicamente o azeite despejado, formamos gotículas que as lecitinas revestem progressivamente. Em geral, fala-se de micela. Ao contrário do óleo puro, as micelas têm uma superfície globalmente hidrófila, o que explica por que ficam dispersas na mistura.

As micelas podem ser encontradas em inúmeras aplicações do dia a dia: por exemplo, quando tiramos a mancha numa roupa ou lavamos a louça, as moléculas tensoativas contidas nos sabões e detergentes formam micelas com as partículas gordurosas. Estas últimas, cercadas por um cortejo hidrófilo, são facilmente eliminadas pela água do enxágue. Na cosmética e na higiene corporal, inúmeros cremes contêm ao mesmo tempo fases ricas em gordura e em água, e nos são apresentados sob a forma de emulsões a serem aplicadas sobre a pele.

gar e agitar energicamente para separar as gotículas, reduzir seu tamanho e homogeneizar a mistura. O critério principal é a relação óleo-água. Assim, a princípio, a temperatura não desempenha papel importante, e a emulsão se realiza tanto a frio quanto a quente. O molho holandês e a manteiga branca são exemplos convincentes disso. Nenhum truque se justifica quanto à escolha do óleo ou azeite, das temperaturas da gema e do óleo, do sentido de rotação e da pitada de sal, da colher de mostarda ou outras bobagens! Pensando melhor, sejamos mais flexíveis, determinando que quanto mais elevada for a temperatura, mais importante é a velocidade e mais nossas gotículas de óleo tendem a se entrechocar, com o risco de se aglutinar, e portanto de subir à superfície, até que o molho realmente "desande".

ESTÁVEL, INSTÁVEL, METASTÁVEL...

Diversos mecanismos podem levar à desestabilização de uma emulsão (e, mais globalmente, de um coloide, termo que descreveremos adiante).

- A *floculação* é uma agregação de micelas ou de partículas. Deve-se evitá-la no caso de uma maionese, mas ela é necessária para outras aplicações e pode ser voluntariamente provocada pela adição de um agente floculante. Nesse caso, a floculação serve tanto para o tratamento das águas (argila em suspensão, eliminação de finas partículas metálicas) quanto para a decantação da cerveja (eliminação dos sedimentos e partículas em suspensão que formarão a borra).
- A *coalescência*, ou coagulação, descreve como duas gotas se reúnem para formar uma. Postas em contato, uma gota grande e uma

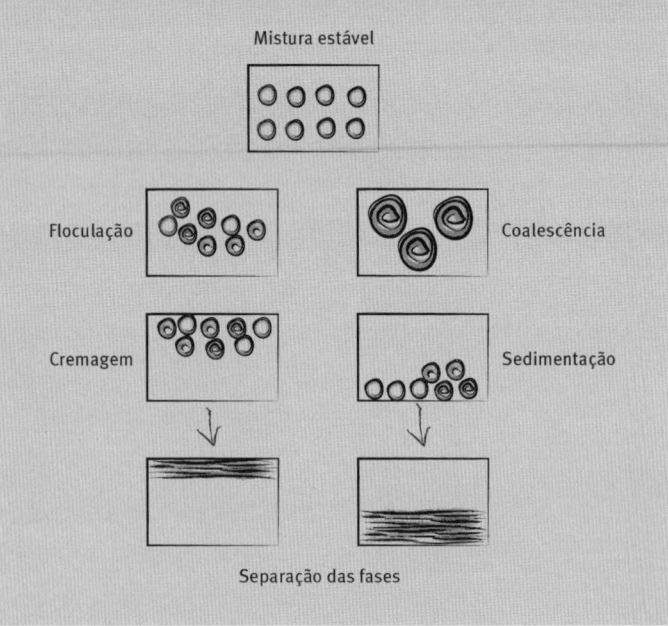

Mistura estável

Floculação — Coalescência

Cremagem — Sedimentação

Separação das fases

pequena minimizarão sua tensão de superfície para formar uma única gota de volume total idêntico à soma dos dois volumes, mas de superfície global menor que a soma das duas superfícies. A coalescência é também chamada de "amadurecimento de Oswald". Um sistema será tão mais estável quanto mais semelhantes forem as bolhas ou gotas.

- A *cremagem* está ligada ao fato de que as gotículas de gordura sobem à superfície por densidade. Esse fenômeno ocorre quando o creme sobe espontaneamente à superfície do leite em repouso. No setor agroalimentar, é possível acelerar esse processo centrifugando o leite.
- A *sedimentação*, como a cremagem, é a migração das partículas ou gotículas pela diferença de densidade em relação ao líquido.

UMA MAIONESE QUE NUNCA DESANDA!

- Coloque 1 gema de ovo numa tigela, salgue e apimente a gosto.
- Adicione mostarda, se desejar.
- Com um batedor manual ou uma batedeira elétrica, bata em potência máxima.
- Despeje o equivalente a uma colher de sopa de azeite e bata durante pelo menos 20 segundos.
- Continue despejando o azeite bem devagar, tentando manter um fio muito fino e contínuo. Verifique o tempero quando considerar que o volume é suficiente.

Temos agora todas as ferramentas para garantir uma boa maionese em todas as tentativas. Em uma frase, é preciso formar gotas de óleo idênticas, pequenas e comprimidas.

Assim, depois de libertar nossa receita de maionese de todos os gestos sem sentido, estamos prontos para ir adiante.

Maionese branca

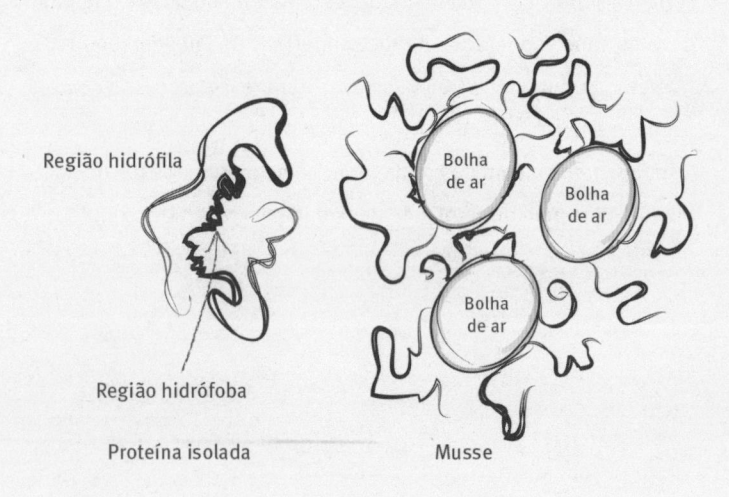

Região hidrófila

Região hidrófoba

Proteína isolada

Bolha de ar
Bolha de ar
Bolha de ar

Musse

Vamos nos voltar para o que acabamos de jogar fora ao fazer a maionese: a clara do ovo. (Alguns farão suspiros, mas na maioria das vezes as pessoas desprezam a clara e só conservam a gema.) Essa clara de ovo nos permite fazer uma musse (clara em neve), porque as proteínas nela contidas têm propriedades espumantes, tensoativas, que permitem a dispersão das bolhas de gás num líquido. As partes hidrófilas permanecem na água da clara, enquanto as partes hidrófobas vêm à superfície das bolhas de ar.

Por essa razão, os tensoativos são também chamados de "agentes de superfície". Assim, embora a densidade do ar e a da água sejam muito diferentes, o ar continua aprisionado no líquido, e essa mistura permanece estável o suficiente para ser usada. No entanto, a maionese não é estabilizada por tensoativos? Em outras palavras, as proteínas tensoativas da clara não poderiam estabilizar uma maionese, a exemplo das lecitinas na gema? Como, do ponto de vista físico-químico, a maionese só pode ser descrita como uma mistura água-óleo-tensoativos, clara de ovo (água e tensoativo) e óleo também poderiam dar conta do recado! Ousemos e tentemos fazer uma maionese de clara de ovo, sem gema!

MAIONESE DE CLARA DE OVO

- Numa saladeira ou na tigela da batedeira, despeje 1 clara de ovo e 1 colher de café de óleo (com o sabor de sua preferência).
- Bata em velocidade máxima. Você vai perceber que a clara não sobe, e que se trata de uma emulsão, e não de uma musse.
- Despeje o óleo em fio muito fino e contínuo, até obter a textura desejada. São necessários cerca de 300ml de azeite para uma clara de ovo.
- Tempere a gosto.

Essa preparação apresenta algum valor gustativo? Devemos ter a pergunta sempre em mente.

As pesquisas possibilitam a melhor compreensão, e as aplicações da pesquisa devem levar à melhoria da culinária. A priori, a clara e o óleo (de semente de uva, girassol, canola etc.) são praticamente insípidos, e o valor gustativo disso parece limitado. A menos que você deseje perfumar a maionese com trufas, shitake ou qualquer outro sabor sutil.

Nas festas de fim de ano, muitas vezes queremos caprichar, por conseguinte, compramos belos produtos. Por exemplo, se você decidir fazer uma maionese de trufas, vai começar da forma clássica, com uma gema de ovo, mostarda (ponha uma boa colherada para "ter certeza de dar certo"), depois o azeite e por fim alguns gramas de trufas. O sabor do precioso cogumelo será mascarado em parte pelo gosto pronunciado da gema e da mostarda. Entretanto, partindo de uma base neutra como a maionese de clara de ovo, você só perceberá na boca o sabor sutil da trufa! A receita pode levar óleo de avelã, argan, manjericão etc. Também nesses casos você só sentirá na boca o delicado perfume dos óleos empregados. Eis um exemplo simples, demonstrando, uma vez mais, que a compreensão do que acontece na culinária permite aperfeiçoar os sabores percebidos pelo paladar. O corolário disso, de caráter mais econômico, é perceber que afinal podemos preparar uma maionese com uma gema ou com uma clara, portanto, com o ovo inteiro, sem jogar nada fora (a não ser a casca, ora!).

MUSSE E EMULSÃO, MESMO COMBATE!

Numa espuma, conseguimos dispersar um gás num líquido (muito mais denso que o gás) graças a agentes de superfície: quando agitamos água com sabão, uma espuma se forma, pois as bolhas de ar estão cercadas pelas moléculas de sabão (tensoativas). Quanto mais agitamos a água, mais a espuma se torna densa e estável, mas ela murcha mais ou menos depressa. Compreendemos que não é fácil preservar *ad vitam aeternam* esse equilíbrio metastável. A física nos ensina que:

(1) quanto menores são as bolhas, mais importante é a superfície da película (tensão superficial) e mais estável será a espuma;

(2) um meio viscoso é favorável, pois "conservará" melhor as bolhas;

(3) as forças de gravitação fazem o líquido "cair" (drenagem). Quanto maiores forem as bolhas, maior será a massa de líquido que as separam e mais favorecida será a drenagem;

(4) a diferença de pressão (pressão de Laplace) existente entre bolhas de tamanhos diferentes leva as bolhas maiores a "engolirem" as menores (amadurecimento de Ostwald);

(5) as forças eletrostáticas na superfície das bolhas também têm uma função: concretamente, se todas as "cabeças" das moléculas tensoativas são carregadas (e têm o mesmo sinal), as bolhas vão se afastar umas das outras, o que evitará as colisões e uma potencial coalescência;

(6) a agitação térmica perturba o equilíbrio do meio: quanto mais a temperatura se eleva, mais depressa as bolhas se movem e podem se entrechocar, com o risco de coalescer.

Citando apenas esses parâmetros principais, concluímos que a espuma será mais estável à medida que as bolhas forem mais parecidas em tamanho, e o menor possível, com agente espumante suficiente para recobrir toda a superfície das bolhas criadas (tanto mais porque a superfície aumenta com a quantidade de gás introduzido e a pequenez das bolhas). O volume da espuma aumentará desde que haja fases contínuas suficientes. A escolha do tensoativo condiciona o aspecto final do produto e sua estabilidade.

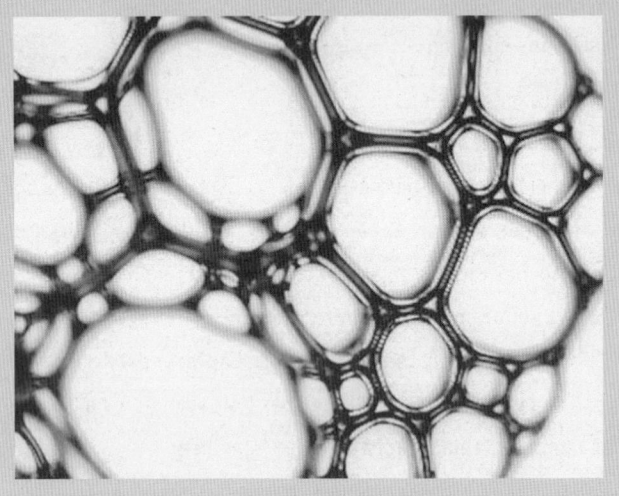

Uma espuma estável apresenta bolhas confinantes, finamente separadas por uma película de líquido. Ângulos próximos a 120° aparecem, lembrando uma estrutura densa hexagonal (em colmeia).

Substitua as bolhas de gás por gotículas de líquido (de óleo, por exemplo), e você obterá uma emulsão.

Mas, e então? Sim! Espuma e emulsão são dois sistemas dispersos (coloides) regidos pelos mesmos fenômenos físicos que já mencionamos. Numa emulsão, os tensoativos (lecitina, por exemplo) repartem-se na superfície das gotas de óleo e as estabilizam na água: encontramos aqui a descrição da maionese.

Outro exemplo é o leite, também uma emulsão, pois se trata de gordura finamente dispersa em água por meio da caseína (uma proteína tensoativa).

Maionese cozida e derivados

Com o exemplo da maionese "clássica" de gema de ovo, debatemos, por um lado, a viabilidade, por outro, o interesse culinário de se fazer a maionese de clara de ovo. Daremos mais um passo nessa reflexão agregando um novo dado: a clara de ovo gelifica. Se fizermos uma maionese com clara de ovo e a levarmos por algumas dezenas de segundos ao forno de micro-ondas, a clara deve cozinhar! A maionese vai murchar? Cozinhar? Na verdade, ao coagular, a clara de ovo aprisiona as gotículas de gordura. Eis uma maionese que pode ser fatiada! Imagine óleos perfumados e veja as novas aplicações para essa textura inédita, muito acetinada e harmoniosa ao paladar.

Substitua o óleo por chocolate derretido (que continua a ser gordura), e você terá um biscoito de chocolate sem farinha, cozido ao forno de micro-ondas em cerca de vinte segundos. Substitua o óleo por *foie gras* derretido e obterá uma musse de *foie gras*. Enfim, em vez de usar gemas de ovos, você pode utilizar claras em pó (na verdade, o que nos interessa aqui são as proteínas, e não a água insípida da clara) e tentar fazer uma musse de *foie gras* ou de queijo ao vinho.

Emulsão espumante

Os tensoativos podem ser agentes espumantes (se gostam de água e ar) ou emulsificantes (se gostam de gorduras e água), ou ambos! A lecitina de soja (ou de girassol) permite fazer tanto emulsões quanto espumas (também chamadas musses em alguns restaurantes. Não vamos confundir as duas, ainda que a física seja similar).

Ousemos dar mais um passo e vamos nos divertir fazendo espumar uma emulsão. Iremos obter uma emulsão espumante, ou seja, uma dispersão de bolhas de gás num líquido contendo gotas dispersas de outro líquido.

Um exemplo concreto? Simplesmente o creme chantili.

O creme líquido é uma emulsão (gordura dispersa em água) que vamos aerar (termo culinário que significa "bater incorporando ar") até obter uma textura que se chama "ponto de neve". Para os amantes de coloides, o chantili poderia ser descrito pela notação $(G+L_1)/L_2$ (bolha de gás e gotículas de óleo dispersas em água). Sempre que tivermos água (L_2), óleo (L_1), ar (G) e um tensoativo que garanta a mistura, podemos criar texturas do tipo chantili.

Para aperfeiçoar essas inovações e explorar todo o universo de possibilidades, convém modelar essas estruturas microscópicas e voltar às três estruturas fundamentais: espuma, gel e emulsão.

COLOIDE

Tinta, fumaça, spray para cabelo, maionese, espuma de assento de carro, merengue... Tantos coloides nos cercam. A definição é muito global, porque se fala de sistema coloidal quando ele é disperso.

Na fase aquosa, a que mais especialmente nos interessa na culinária, lidamos com hidrocoloides. Mas o que é um sistema disperso? Em todos os exemplos antes citados, a matéria é descrita como partículas, gotas ou bolhas que, em escala microscópica (entre 2 e 2000 nanômetros), estão finamente dispersas numa matriz contínua. Diz-se que "1 está disperso em 2", o que se escreve "1/2".

Os estados físicos de 1 e 2 podem ser sólido (S), líquido (L) ou gasoso (G), embora a priori seja possível construir nove tipos de coloides. Na verdade, sendo um gás sempre solúvel em outro gás, o sistema G_1/G_2 não existe. Isso reduz a oito o número de coloides. Vamos desenvolver isso.

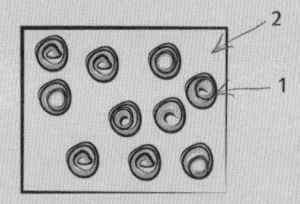

Observadas ao microscópico, tinta de caneta ou de pintar são descritas como pigmentos sólidos diluídos num solvente. Ao secar, o solvente evapora, de modo que só restarão os pigmentos na folha de papel ou na parede. Os dois tipos de tinta são suspensões S/L (sólido disperso em líquido).

As partículas sólidas são tão pequenas que ficam espalhadas de forma homogênea em todo o líquido. As indústrias, entretanto, podem recorrer a estabilizantes (antifloculantes, tensoativos) para garantir a dispersão. L/S descreverá um gel, L_1/L_2 será uma emulsão (dois líquidos imiscíveis), G/L será uma espuma líquida (clara em neve, espuma de sabão), enquanto G/S será uma espuma sólida (espuma de poliuretano, merengue, miolo de pão). S_1/S_2 será o equivalente a uma emulsão, mas em estado sólido: fala-se em agregado (o vidro rubi é um vidro no qual partículas de ouro estão dispersas numa matriz vítrea sólida).

Enfim, S/G e L/G formarão aerossóis, respectivamente sólido e líquido. Em ambos os casos, trata-se de partículas sólidas (fumaça) ou de gotículas de líquido (spray de cabelo, neblina, nuvem) dispersas em gás (que será o ar ou um gás propulsor).

Das texturas conhecidas às texturas inovadoras

Retomemos o modelo proposto no Capítulo 1, relativo à separação dos estados da matéria, no qual propusemos esquematizar espumas, géis e emulsões com desenhos feitos de círculos cheios, vazios e linhas entrelaçadas. Pequenos círculos cheios de água (fundo contínuo) simbolizaram uma emulsão: maionese, molho bearnês ou holandês, manteiga branca.

Se o fundo contínuo é denso e/ou varia conforme a quantidade e a natureza do óleo, obtemos emulsões firmes na boca, manipuláveis e passíveis de se espalhar sobre torradas, como a manteiga ou a margarina. Entre o vinagrete e a manteiga, encontramos texturas intermediárias, como a famosa pasta de chocolate, a manteiga de amendoim, a pasta de *speculoos*. Quantas coisas boas feitas com gorduras emulsionadas! Mas como resistir a passá-las numa torrada quente ou no crepe? Para um físico-químico, por mais guloso que ele seja, esses sistemas continuam a ser líquidos, porque escorrem. Com maior ou menor rapidez e facilidade, sem dúvida, mas de qualquer maneira escorrem. Diz-se que eles são viscosos. Outros exemplos que convém classificar entre os "líquidos" são pasta de dente, ketchup, maionese, margarina.

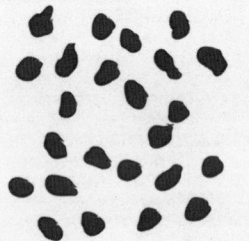

O já evocado mundo dos líquidos é apaixonante porque eles possuem propriedades mecânicas interessantes. Alguns são reofludificantes: quando se aplica pressão (apertamos o tubo de pasta de dente), eles escorrem como líquidos. Em compensação, em repouso, esses líquidos não escorrem e se comportam como sólidos. É exatamente essa a propriedade buscada pelos consumidores (e portanto pelos fabricantes).

Outros são líquidos reoespessantes e apresentam o efeito contrário: sob uma pressão mecânica, parecem sólidos, enquanto em repouso escorrem e se espalham como líquidos. Uma mistura de água e amido de milho possui essa característica: a mistura cola e escorre entre nossos dedos, ao mesmo tempo que, se a manipularmos com força, conseguimos formar uma bola resistente. Assim, esses líquidos (não newtonianos) encontram-se tanto em confeitaria e na indústria cosmética (como, por exemplo, os cremes manipuláveis ao toque, mas que se tornam líquidos ao serem espalhados sobre a pele) quanto nos trajes protetores de dublês e nos coletes à prova de bala! No último exemplo, tentamos atualmente acoplar o kevlar em estruturas compostas a líquidos reoespessantes que, sob o efeito de um impacto, se bloqueiam e resistem como um sólido. As mãos, os pés e a nuca são regiões expostas a ferimentos, mas também devem conservar grande liberdade de movimento, tanto que não podemos cobri-las com blocos de kevlar puro. Dispersos em tecidos leves (capuzes, luvas), esses líquidos reoespessantes são uma excelente alternativa.

Mas continuemos no universo das coisas boas, e falemos de chocolate. O chocolate em tabletes é uma emulsão sólida inversa. Aqui é a água que está dispersa numa fase oleosa sólida (manteiga de cacau cristalizada). Esquematizamos o chocolate por pequenos círculos cheios (de água), "afogados" num fundo sólido. O desafio físico-químico continua o mesmo que se impõe para produzir uma emulsão direta: conseguir dispersar duas fases que não se misturam com facilidade.

Grandes círculos na água (o fundo de nossos desenhos) representarão assim uma espuma. Clara de ovo em neve, ovos nevados, merengue cru etc. Num merengue cozido, e mesmo na clara em neve escaldada dos ovos nevados, a clara coagulou, formando um gel e aprisionando o ar na rede sólida de albuminas. Essa, portanto, é uma espuma sólida. O miolo de pão é descrito exatamente da mesma maneira: a rede elástica de glúten (proteínas) sustenta as bolhas de gás carbônico formado no decorrer da fermentação, e a massa cresce. Uma vez cozida, a textura permanece alveolada. Essa também é uma espuma sólida. Representaremos então essas estruturas por círculos (bolhas de gás) distribuídas em linhas entrelaçadas (rede sólida).

Conforme a rigidez do gel, a textura "espuma reticulada" que acabamos de descrever será mais ou menos firme na boca. Os ovos nevados são muito mais macios que o miolo de pão – que aliás difere muito entre um pão e outro (tipo de farinha, umidade, endurecimento etc.). A textura poderá ser ainda mais macia, conforme se aumente a quantidade de água no gel, desde que ele fique cru ou pouco cozido (baixa reticulação). Lembremo-nos de que esses géis quase não contêm água! A adição de 1% de ágar-ágar é mais que suficiente para espessar 100g de líquido. Em outras palavras, a gelatina que vibra à sua frente contém água, mas não derrete! Temos todos em mente a imagem (caricatural) daquela gelatina tremulante do anúncio, ou do famoso pudim de leite. A maleabilidade também é um limite à realização e à própria manipulação dos preparados. O exemplo disso é o pão de ló no sifão.

Depois de assentar esses tijolos elementares (grandes círculos, pequenos círculos, linhas) e descrever sistemas que conhecemos para aprender a manipular os esquemas, como inovar e criar novos pratos? Basta dar livre curso à imaginação, esboçar montagens mais ou menos complexas e depois se perguntar: "O que planejamos como estrutura?" e "Isso será comestível?".

Fatias de vinagrete

Desenhemos pequenos círculos espalhados entre linhas. Essa é uma emulsão que foi gelificada. O que é isso? Um vinagrete que pode ser cortado em pedaços! Uma fatia de tomate, uma fatia de vinagrete... Como concretizar essa receita a partir do nosso conhecimento a respeito de emulsões e géis?

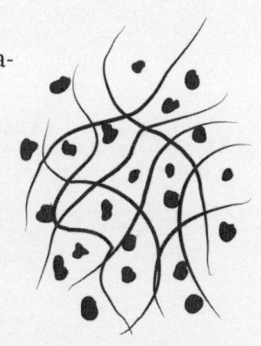

É preciso dissolver um gelificante no vinagre (acrescentaremos um pouco de água, se necessário) e despejar o azeite enquanto a mistura está quente. É importante emulsionar abaixo da temperatura de gelificação (> 50° para o ágar-ágar). Emulsionamos o conjunto e fazemos com que endureça rapidamente a frio quando despejado sobre uma superfície. O gel se forma e aprisiona as gotículas de azeite. Esse é o mesmo exemplo que vimos quando falamos da maionese de clara de ovo. A emulsão formada (água de constituição da clara, óleo, albuminas como tensoativo) pode ser cozida (no forno de micro-ondas, por exemplo). O gel resultante retém as gotículas de óleo. Essa é uma emulsão gelificada. Podemos pensar em óleos perfumados, em clara de ovo em pó reidratada com suco de carne, suco de legumes etc. Os pratos são criados e inventados com facilidade!

COQUETEL INVERTIDO

Utilizemos ainda a noção de dispersão da gordura e imaginemos um coquetel com um dégradé de cores no alto do copo! É costume servir coquetéis com dégradés de cores no fundo dos copos, valendo-se do fato de que um xarope de açúcar (aromatizado e colorido) possui massa volumétrica mais alta que um suco de fruta, e por isso "cai" para o fundo do copo. O Tequila Sunset é um exemplo clássico disso: misturam-se suco de laranja e tequila, e depois se despeja xarope de romã no fundo do copo. Uma leve sacudidela garante o dégradé entre vermelho e amarelo.

Façamos antes uma experiência primária e insípida para testar o efeito esperado: agite fortemente duas gotas de óleo em 2-3ml de álcool (etanol ou álcool de farmácia). O líquido se tolda, sinal de que foi realizada uma dispersão de gotículas de óleo. Despeje delicadamente essa mistura num copo cheio de água. O branco turvo se propaga e vai para o alto do copo. As gotículas de óleo continuam dispersas na mistura água-álcool. Pelo fenômeno da densidade, a dispersão continua na superfície. Aí está um dégradé no alto do copo.

Passemos ao bar e façamos dessa experiência uma receita "de verdade". É preciso transferir esses dados para líquidos perfumados e respeitar o equilíbrio de sabores. Que óleo escolher? Que álcool? E que fase aquosa? Voltemos exatamente ao Tequila Sunset.

Disperse 2 gotas de óleo essencial de laranja em tequila concentrada. Adicione licopeno (corante vermelho natural que pode ser extraído da abóbora ou do tomate) e despeje a mistura num copo de suco de laranja. O dégradé vermelho fica no alto do copo, e a tequila vira um pôr do sol! (Ver a Tequila Sunset da Figura 16.)

Musse crocante

Desenhemos desta vez grandes círculos aprisionados em linhas. Estamos lidando com uma espuma gelificada: com a clara de ovo escaldada, tudo bem, mas também e sobretudo com novas espumas sem clara de ovo. Dispersamos gelificante num suco de frutas (ou de legumes) e despejamos a mistura num sifão. A seguir, injetamos gás, com um cartucho, e deixamos esfriar. Bolhas de gás foram introduzidas numa preparação que se solidifica. Forma-se uma espuma gelificada, e obtemos musse de fruta. Insisto no fato de que não se trata de uma musse do tipo *bavaroise*, charlote ou queijo branco batido e timidamente aromatizado com suco de fruta. Emprego o termo "timidamente" pois todos nós já batemos queijo branco ou creme chantili e depois despejamos sobre ele um líquido perfumado (café, suco de fruta, licor) para dar o máximo possível de gosto à espuma.

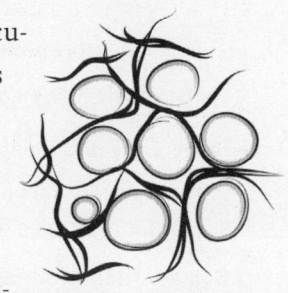

A ordem é nem muito pouco, pois nada seria percebido (diluído demais), nem em excesso, por medo de amolecer tudo diluindo a preparação. Com essa técnica de musse gelificada, temos apenas suco de fruta: nada de ovos, nem de açúcar, nem de creme, apenas fruta! O sabor é incomparável, pois preservamos ao máximo o produto (ver Figura 1).

PÃO DE LÓ NO SIFÃO

A próxima receita se adapta à maioria dos líquidos, desde que não sejam ricos demais em gordura.

- Disperse 4g de ágar-ágar em 350ml de líquido. Leve à ebulição.
- Introduza a mistura no sifão e injete um ou dois cartuchos de gás, conforme o tamanho do sifão.
- Deixe esfriar até atingir 50°. É preciso trabalhar um pouquinho acima da temperatura de gelificação; muito acima, a preparação fica líquida demais e a espuma desmorona antes de endurecer; abaixo, a preparação gelifica no sifão e não pode ser retirada ou enformada.
- Coloque a espuma em formas (do feitio que preferir). Leve imediatamente à geladeira.

A mistura endurece depressa. A textura será a de uma espuma leve, gelificada, como um pão de ló. Essa musse pode ser embebida de um líquido perfumado, absorvendo-o como uma esponja! Por fim, ela pode ser aquecida até cerca de 60°, o que nos permite imaginar pratos quentes, doces e salgados (musse de legumes etc.).

Conforme a viscosidade do líquido (suco, polpa, purê fino de legumes), varia a quantidade de ágar-ágar.

Observe que este é um bolo muito alveolado, sem farinha, sem ovo, sem cozimento no forno!

Cabe a você reinventar o bolo de cenoura, as musses de legumes, o baba ao rum sem farinha, o suflê sem ovo e outros conceitos inesperados, porém saborosos!

Pão de ló superfofo

Para uma preparação como a do pão de ló da receita anterior, podemos ousar a ponto de resfriá-la a vácuo, a fim de que as bolhas de gás sejam expandidas (coisa que Thierry Marx e eu fizemos). Na verdade, quando a pressão diminui, o volume aumenta. Assim, as bolhas de gás introduzidas pelo sifão dilatam-se sob o efeito do vácuo, ao mesmo tempo que o bolo esfria e o ágar-ágar gelifica. As bolhas estão aprisionadas na rede de ágar-ágar (ver Figuras 18 e 19).

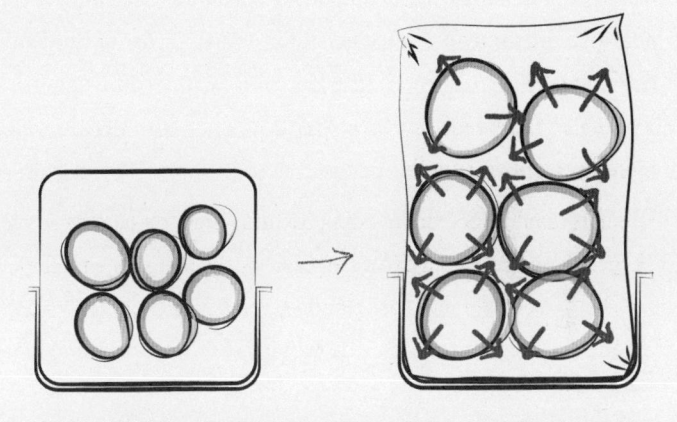

Uma espuma resfriada a vácuo pode facilmente dobrar de volume.

Testes demonstram que os sabores percebidos nos bolos resfriados sob pressão atmosférica e nos bolos resfriados a vácuo não são os mesmos. Isso se deve ao efeito de tamanho e em especial à superfície disponível para as trocas de moléculas sápidas, que é superior nas espumas feitas a vácuo.

Assim, sugerimos um bolo de chocolate constituído unicamente de chocolate, água mineral e alga ágar-ágar, para uma floresta negra com menos calorias, mas com incomparável sabor de chocolate. No mesmo espírito, criamos uma musse de cenoura crua que depois embebemos de caldo de carne para obter uma guarnição original de carne e cenoura.

Há pouco tempo fizemos uma musse inflada à base de queijo *Comté*, que foi cortada em cubos e desidratada a 120°: obtivemos pequenos dados coloridos sem farinha ou glúten, com o mesmo sabor e textura dos cubinhos de pão da sopa de cebola. Para chegar a tais resultados, é preciso compreender o que é uma musse, o que significa "temperatura de gelificação" e deixar de lado as receitas clássicas, reconhecendo que a musse não é necessariamente uma mistura constituída de clara de ovo e/ou creme batido.

Outro dado importante: a utilização de gelificantes vegetais (como o ágar-ágar) resistentes ao calor (> 60°) nos permite conceber musses quentes de legumes. O campo das possibilidades se amplia, e novas guarnições podem surgir ("cubo mágico" de purês espumantes, pratos quentes).

Por falar em chantili

Dispersamos bolinhas e círculos. Uma emulsão e uma espuma são obtidas simultaneamente? Sim, essa é uma emulsão espumante. Algum fato novo? Não, na verdade já sabemos disso, como já foi lembrado: espuma de leite, creme batido e chantili.

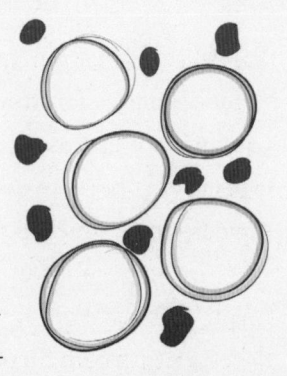

O leite e o creme (tanto líquido quanto espesso) são emulsões porque constituídos de muita água, mas também de gordura. Essa gordura se encontra delicadamente dividida em gotículas chamadas micelas. Ao bater nelas, a luz é refletida em todas as direções, portanto, também na de nossos olhos, o que explica por que percebemos aquelas misturas brancas e opacas. Por outro lado, uma camiseta nos parece preta porque absorve todas as radiações luminosas, tanto que nenhum raio luminoso é refletido na direção de nossos olhos. Quando batemos esses líquidos (aerar é o termo culinário correto), as bolhas de ar ficam aprisionadas na mistura, e a preparação "sobe". Isso acontece por dois motivos: o líquido é mais ou menos espesso (portanto, as bolhas têm maior ou menor dificuldade de chegar à superfície), e a caseína, tensoativo naturalmente presente no leite e no creme, garante essa dupla dispersão alojando-se nas interfaces gordura-água e ar-água.

Sabendo disso, compreendemos que é possível obter facilmente um creme chantili com o sifão (nenhuma necessidade de botar a tigela na geladeira, esperar duas horas e usar a batedeira elétrica, que joga creme para todo lado!). Podemos até pensar em transformar em espuma quase todas as emulsões! Isso abre belas perspectivas: manteiga branca espumante, "espuma" de maionese, espuma *de* chocolate e não musse *feita com* chocolate.

A execução dessa receita é facílima (ver o Box a seguir) e permite criar uma delicada espuma de chocolate. Observemos sobretudo que os únicos ingredientes são chocolate e água. Em outras palavras, o único sabor percebido na boca será "chocolate". Além de utilizar o sifão, devemos insistir aqui no fato de que a cozinha molecular nos permite chegar o mais próximo possível do produto. Por fim, essa receita é uma bela banana

MUSSE DE CHOCOLATE

Deixo com vocês a sugestão de reinterpretar essa receita com seus ingredientes preferidos.

- Derreta numa panela cerca de 150g de chocolate com mais ou menos 150g de água (ou qualquer outro líquido perfumado: chá, suco de laranja, café etc.). Mesmo que eu afirme em alto e bom som que é preciso sermos rigorosos e exatos, digo aqui "cerca de 150g", pois a receita deve ser ajustada à natureza do chocolate a ser utilizado, e alguns testes são necessários para otimizar a textura.
- Bata com força (emulsão). Despeje o resultado num sifão e carregue o gás (espuma).
- Deixe o sifão resfriar de todo e guarde-a na geladeira.

que se dá aos detratores da cozinha molecular, portanto, é com prazer que enumeramos todas as suas vantagens altamente atômicas! Qual a receita "clássica e tradicional" de musse de chocolate?

Em geral, empregam-se gemas de ovos clarificadas com açúcar. (Resta uma pergunta subsidiária: por que "clarificar" as gemas? Alguém já demonstrou interesse em fazê-lo no creme inglês, nos cremes usados em confeitaria etc.?) Derrete-se o chocolate em banho-maria e com frequência adiciona-se manteiga. As duas preparações são misturadas. A esses milhares de calorias (exagero um pouquinho) são incorporadas, com cuidado, as claras em neve, e aí começa o desafio da musse de chocolate: é preciso mexer com delicadeza, misturar para homogeneizar, mas "não demais", a fim de não correr o risco de ver tudo desabar. Dessas claras em neve espera-se um resultado espumoso (e hipercalórico).

Mas voltemos ao principal: o que desejamos todos, e sobretudo os grandes chefs, quando servimos ou consumimos uma musse de chocolate? O chef desejará, por exemplo, nos fazer descobrir um chocolate excepcional, com 85% de cacau, de uma região perdida da Venezuela, mas sob forma espumante e leve. Se hoje nos referimos a safras de chocolate como às grandes safras de vinho, por que diluir esses sabores sutis numa massa contendo gemas e claras de ovos, açúcar e manteiga? Além disso, precisamos realmente desses ingredientes para dar textura e forma a uma musse? E ainda, podemos nos poupar de todas essas calorias supérfluas, e não nos culparmos mais por ficar namorando a vitrine de sobremesas dentro da qual gira devagarzinho aquela musse (e aqueles insuportáveis canudinhos de biscoito)? Podemos, podemos, podemos sim! Graças à "culinária molecular"? Não sei, mas digamos que, compreendendo o que é uma musse de chocolate (emulsão espumante), conseguimos fazer uma espuma de chocolate com água, e nada mais! O purista usará água mineral e uma excelente safra de chocolate. O sabor na boca será mais apurado, a textura mais agradável. Quanto às calorias, serão reduzidas em 20%.

DIABINHO: Ah, coma, vá! Você sempre adorou o Paris-Brest.
PAI TARAIN: Deixe-me em paz, você está perdendo seu tempo!
DIABINHO: E se for tão bom quanto o da Vó Huguette, hein? Pelo menos dê uma mordidinha.

Les anges gardiens, Jean-Marie Poiré (1995)

Extrapolemos essa textura de musse de chocolate para outras gorduras e outros líquidos perfumados. Já compreendemos que "o segredo" dessa textura reside na mistura de uma gordura, um líquido (aquoso) e ar. Tomemos vinho branco (assimilável à água, para o químico), *foie gras* ou queijo fundido. Vamos obter, respectivamente, musse de *foie gras* com vinho Monbazillac, ou musse de queijo *brie* com cidra, e tudo isso com a mesma técnica: derreter a gordura (bloco de *foie gras* ou queijo) no vinho, depois resfriar a mistura num sifão. As novas musses poderão ser servidas como canapés, entrada ou acompanhando os queijos, no fim da refeição. Assim, vamos aos sifões!

Bavaroise sem gelatina

Dispersemos bolinhas e círculos, aprisionados numa rede. Encontramos agora uma emulsão espumosa gelificada. O preparo da *bavaroise* é um exemplo, uma vez que chantili, creme inglês encorpado (o que nos diz que houve adição de gelatina) e purê de fruta são incorporados simultaneamente; a mistura é despejada numa forma e então resfriada. O resultado é uma textura um pouco alveolada, leve e elástica (muitas vezes em excesso).

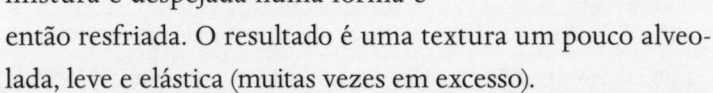

Uma vez mais, se conseguimos misturar bolhas de gás, gotículas de gordura e dispersar o conjunto num gel, obtemos textura similar. Alterando a relação ar-gelificante, chegamos a criar texturas mais aeradas que a *bavaroise*. Para isso, preferimos empregar gelificantes mais poderosos que a gelatina, que nos permitirão aprisionar e manter quantidade maior de bolhas de gás sem que o preparado desmorone. A gelatina, leve demais, limita bastante a expansão. Os exemplos anteriores (musse de chocolate, chantili de *brie* ou de *foie gras*), portanto, podem ser gelificados. A partir dos mesmos produtos, é possível propor toda uma gama de texturas que sem dúvida provocarão diferentes sensações na degustação.

Massas líquidas, tomate incolor e outros efeitos centrífugos

O objetivo de todas as receitas que mencionamos é estabilizar e dispersar misturas mais ou menos complexas de água, gordura e gás. Lembrem-se de que isso não deixa de apresentar dificuldades, porque a cremagem ou a sedimentação podem levar à separação do gás, da água e da gordura, com o risco de fazer tudo desmoronar.

Aqui, ao contrário, empregamos esses fenômenos de separação e observamos que, bem controlados, eles permitem inovar uma vez mais. Como separar e desestruturar tudo?

O processo de centrifugação pode ser utilizado em culinária para isolar e separar as diferentes fases de um produto pela sua densidade, como se faz de forma rotineira nos laboratórios de química analítica. A inovação não reside aqui no processo, bem conhecido, mas no desvio da aparelhagem para um terreno no qual ela não havia sido até agora explorada.

Que ideia é essa de colocar suco de tomate numa centrífuga a 4 mil rotações por minuto? No entanto, existe maneira melhor de separar polpas, fibras e a água de constituição do fruto? De um suco comum chegamos a três texturas, três sabores de tomate e três cores diferentes! Nasce(m) o(s) Bloody Mary, coquetel à base de suco de tomate incolor (ver Figuras 22 e 23). Estruturar e desestruturar.

Vamos desenvolver a ideia e as experiências, e observar que, com um aparelho desse tipo, conseguimos clarificar em quinze minutos um suco ou um caldo preservando todas as suas propriedades organolépticas. Nada mais de escumar caldos, clarificar ovos e outras técnicas trabalhosas, pouco eficazes e demoradas. Vamos nos valer apenas da física (força centrífuga), da maneira mais natural possível. Inovemos agora colocando nos tubos do centrifugador migalhas de massa folhada umedecidas em água mineral. O resultado é uma "água de massa folhada", novo conceito que deu origem à confeitaria líquida. Thierry Marx conseguiu produzir uma torta de maçã para ser bebida, um arranjo de centro de mesa líquido e inúmeras outras sobremesas, decerto insólitas e saborosas. Para o mundo das bebidas, essa inovação oferece também uma resposta sob medida para as demandas de coquetéis sem álcool.

Epílogo: Passeio na floresta vermelha

> "Afinal, uma árvore negra no inverno é uma espécie de escultura abstrata. O que me interessava era o traçado dos galhos, seu movimento no espaço."
>
> Pierre Soulages

Arte, ciência e cozinha

Arte ou ciência, emoção ou razão? O pesquisador apaga-se por trás de sua descoberta, que se pretende universal, com as garantias de que ela será modificada, questionada e por vezes até destinada a desaparecer diante de novos conhecimentos. A guerra de egos existe, não a escondamos, mas sabemos todos que daqui a alguns anos ou séculos nossos trabalhos se resumirão a uma única linha ou terão se tornado obsoletos. Cada artigo científico realiza um estado da arte, evoca trabalhos anteriores, mas bem depressa questiona, formula uma nova hipótese e propõe um avanço. Raras são as descobertas revolucionárias em que a queda da maçã é capaz de despertar o gênio. Os progressos científicos são ínfimos.

É dia a dia, artigo a artigo, que se constrói o edifício do saber, com um movimento diminuto, uma sensação de imobilidade na dinâmica evolutiva. Da mesma forma, as transformações termodinâmicas de um sistema muitas vezes são imperceptíveis, supõe-se que o sistema esteja em equilíbrio a cada instante e em todos os pontos do caminho que leva do estado A ao estado B. Não somos sempre praticamente os mesmos diante do espelho, semelhantes a ontem e pouco diferentes daqueles que seremos amanhã? Mas a variável não é igual a zero. A pesquisa científica se inscreve na mesma cronologia. Embora existam descobertas pontuais e intensas, o acúmulo de conhecimentos, a evolução e a mudança ocorrem diariamente, por pequenos incrementos imperceptíveis, mas reais.

Uma obra de arte deve perdurar tal como foi criada. Não será emendada, modificada nem completada como o é a descoberta científica. Enfim, uma obra, para existir, deve encontrar seu público, enquanto a descoberta científica viverá por meio de relações causais, de leis, aplicações teóricas ou práticas. Paradoxalmente, a obra só atingirá o público se conseguir fazer com que desapareçam a técnica e os cálculos necessários à sua realização. Só a emoção importa. Depois virá o interesse – e isso para os mais apaixonados – pela técnica empregada (espátula, pincel, superposição, interferência ótica etc.). Em culinária, o prato deve ser belo, depois bom, e nos emocionar. Pouco importam o tensoativo introduzido, a temperatura de cozimento a $56°$ ou $58°$. O que não quer dizer que os pintores, como também os cozinheiros, não devam dominar sua técnica para impedir que o acaso interfira em seu trabalho de criação e em sua produção artística. Estou convencido de que a difusão da cultura científica e a transmissão do saber só podem existir nessas bases. Primeiro cria-se uma emoção, depois chega a hora das perguntas.

A aproximação entre arte e ciência fará sentido se cada qual permanecer consciente de seus limites e das dificuldades para fazer com que se equiparem dois mundos a priori desconexos. É sempre conveniente ir além das dualidades arte-ciência, artista-cientista, saber-instinto, razão-sensibilidade e outras oposições fáceis de enumerar. A associação entre arte e ciência nasce antes de mais nada de encontros entre um artista e um cientista, ambos desejosos de chegar mais longe, mais alto ou em outro lugar.

Inúmeros são os cientistas que escrevem, pintam, esculpem, compõem e se dedicam à arte, enquanto muitos artistas inscrevem seus trabalhos numa alta tecnicidade e numa pesquisa metódica, rigorosa e muito estruturada. Artista ou cientista? Artista e cientista? Nem "e" nem "ou". Não há superposição total, nem exclusão sem ponto comum, e sim um terreno (de evasão) compartilhado. As portas se abrem dos dois lados, e as paredes são mais tênues do que parecem. Nadar nas interfaces é maravilhoso.

O nascimento do cinema é um belo exemplo: os zoólogos fisiologistas buscavam compreender como se deslocavam os animais. Para responder a esse problema científico, eles entraram em colaboração com o fotógrafo Eadweard Muybridge, que, apaixonado pela ciência e pela técnica, construiu uma máquina fotográfica para produzir clichês a intervalos de tempo regulares e muito próximos. A cronofotografia nasceu e permitiu a compreensão de como se desloca um cavalo (*The Horse in Motion*, 1878), e a seguir outras espécies. Esse trabalho evoluiu e deu lugar a uma série de fotografias na fronteira entre a arte e a ciência, sempre expostas nos museus do mundo todo. Alguns anos depois, a frequência das tomadas aumentou consideravelmente, até chegar à câmera. Os irmãos Lumière se apropriaram desse trabalho, aperfeiçoando-o, e criaram o cinema. Essas realizações só foram possíveis por meio do diálogo entre cientistas e artistas.

Sou um químico na cozinha, o que me permite estar na interface entre a ciência e algumas expressões artísticas. Em abril, maio e junho de 2012, tive a oportunidade de trabalhar com Thierry Marx e a fotógrafa Mathilde de l'Écotais. Demonstramos, no Palais de la Découverte, em Paris, como nós três nos aproximávamos da matéria alimentar. Nessa exposição, reproduzimos nossa atividade de pesquisa, de criação, o trabalho subjacente em laboratório, tudo à sombra dos projetores que davam luz à matéria e ao prato.

Abordagem fractal

Essa sinergia nos permite ir mais longe, em direção a universos aos quais, sozinhos, não teríamos acesso de forma "natural". O que nos une é a noção de dinâmica e de movimento da matéria. Hoje em dia, o prato evolui diante do cliente: o último bocado não tem nem o sabor nem a textura do primeiro. Para chegar a tanto, é preciso levar em conta as próprias ideias de reação (físico-química) e de tempo (tempo de reação, tempo de repouso, duração da degustação, permanência de uma preparação).

Tomemos o exemplo da floresta vermelha-floresta negra. Thierry trabalhava com a floresta negra, reinterpretando esse prato com a intenção de suavizá-lo, tanto em termos de textura quanto de calorias. Tínhamos obtido um bolo de chocolate inflado a vácuo, uma espécie de *pão de ló superfofo* alveolado, 100% chocolate. Desenvolvemos esse novo processo e o aplicamos a inúmeras outras receitas. A calda de frutas vermelhas por ele preparada teve rendimento surpreendente.

Chamei a atenção de Thierry para o fato de que as frutas vermelhas (cassis, amora, cereja negra, framboesa, mirtilo) eram vermelhas exatamente porque continham antocianos, pigmento muito sensível à acidez, e que era possível aproveitar essa característica. Mostrei-lhe testes muito conhecidos em química, de mudanças de cor do repolho roxo: se for colocado em meio ácido ou base, o pigmento passa do vermelho ao azul-escuro. Além disso, tratando de reações ácido-base, apresentei-lhe, com a ajuda de um medidor de pH, reações de neutralização e de efervescência (por exemplo, bicarbonato + vinagre). Não tardou para que tivéssemos a ideia de uma musse efervescente que mudaria de cor diante do consumidor.

O bolo de chocolate, encimado por um leve creme chantili com baunilha, a princípio colocado sobre calda negra, pouco a pouco estaria cercado por uma nuvem de um vermelho vivo e borbulhante, à medida que o garçom despejasse sobre ele suco de limão (ver Figura 27). Foram necessárias inúmeras idas e vindas entre o laboratório e a cozinha para conseguirmos dosar com sutileza o bicarbonato e o suco de limão, obter a textura desejada na calda e controlar a duração da espuma formada. Meus alunos primeiro realizaram dosagens de acidez, depois executaram, com os cozinheiros, testes de vácuo mais ou menos intenso para o bolo alveolado.

O diálogo foi bem-sucedido: os alunos de química compreenderam como os conhecimentos que absorviam em anfiteatros, fora de contexto, podiam ser aplicados, tornados "úteis" e abrir caminho para inúmeras profissões. Por sua vez, os cozinheiros profissionais e aprendizes perceberam que era importante conhecer para progredir e avançar. Daquela floresta negra, Thierry criou uma grande sobremesa. Hoje, seus colaboradores empregam medidores de pH para controlar a acidez de purês de frutas e o cozimento dos legumes ou ainda adaptar a dosagem exata da alga *kanten* nos semigelificados. Trabalhamos ainda com a alveolagem a vácuo e testamos esse método num sem-número de receitas.

Quanto a mim, pude propor a meus alunos um trabalho original sobre dosagens ácido-base por meio de pH-metria e espectrometria (estudo dos espectros de absorção e das cores).

No estudo das uvas vermelhas, ao pesquisar se havia maior incidência de antocianos na casca ou na polpa, nós nos interrogamos quanto ao condicionamento da polpa. A analogia com as membranas de alginato nas encapsulações foi imediata, e tiveram início pesquisas sobre membranas finas, mas resistentes: como copiar a natureza e fazer um recipiente com o máximo de água com uma membrana vegetal a mais fina e resistente possível? Bem além das pequenas pérolas de alginato, está se realizando um trabalho relativo à encapsulação (ver Figura 15).

Mathilde, por sua vez, elaborou novas técnicas para fotografar um prato efervescente e mutável com o passar do tempo. A pesquisa de pigmentos naturais apaixonou-a a ponto de ela estudar suas extrações, as formas de pintura e fotografia empregando pigmentos alimentares (os primeiros papéis eram feitos de fécula de batata azulada com iodo). Bem depressa, as pesquisas nos fizeram mergulhar na própria história da fotografia, do cinema e da cianotipia. As primeiras fotos nasceram pela ação da luz sobre um pigmento à base de ferro (ferricianeto): o pigmento evolui do marrom-claro ao azul intenso sob a ação de raios ultravioleta. As primeiras amostras eram realizadas com decalques, que, obstruindo a luz com maior ou menor intensidade, reproduziam os objetos por imagens negativas. Mathilde "revisitou" essa técnica e partiu para um universo alimentar azul intenso, no qual os constituintes elementares das frutas e legumes (fibra, água, célula) se tornam, sob o efeito de uma luz mais ou menos penetrante, traços, riscos e impressões mais ou menos abstratos. A expressão "escrever com luz" (*fotos graphein*) readquire aqui todo o seu significado.

Sobre arte, ciência e alta culinária

Nossa abordagem é a mesma da pesquisa, a problemática dos fractais. Uma pergunta inicial abre dezenas de portas. Enveredamos por uma delas e bem depressa surgem outros caminhos possíveis. Algumas trilhas se interrompem, outras não têm saída, outras, ainda, são deixadas provisoriamente de lado; uma delas conseguirá responder à pergunta (ver a seguir o diagrama feito no caso do estudo da floresta negra). Logo a questão resolvida não nos preocupará mais, pois novas problemáticas se apresentam. A abordagem experimental científica consiste em navegar e explorar caminhos sem se preocupar de imediato com o destino final. Aliás, a linha de chegada não existe, ou é empurrada para adiante, sem cessar, ou deslocada para outros horizontes. O coelho da Alice continua a correr...

Assim, em pesquisa, o cotidiano é sempre inesperado, nenhuma rotina tem condições de se instalar, e as zonas de conforto não existem. O pesquisador passa o tempo todo em estado de agitação e dúvida, ao longo das descobertas e analisando os resultados. As pesquisas e os humores são oscilantes, e sem dúvida se alternam! Felizmente, as intensidades positivas são muitíssimo superiores às catástrofes das incertezas, e daí nasce a vontade de atingir cumes cada vez mais elevados. Essa embriaguez da altitude anima todos os pesquisadores e, de modo mais abrangente, todos os apaixonados.

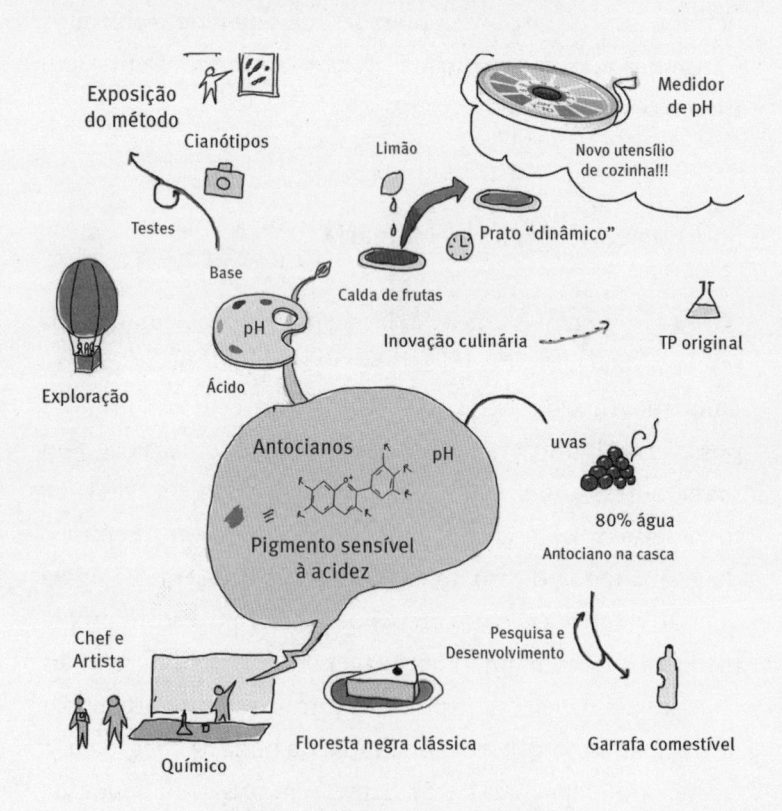

Diagrama da floresta negra revisitada

Créditos das ilustrações

Figuras 1 e 24, © M. de L'Écotais.
Figuras 2-4, 9, 11, 15-17, 22, 23, 25-28, © R. Haumont.
Figuras 5 e 10, © LeChef, Joanna Florczykiewicz.
Figuras 6-8, 12, 13, 18-21, © CFIC.
Figura 14, © LeChef, A. Thiriet.
Diagrama, p.142, © F. Fritz.

Índice remissivo

acidez, 64, 65
ácido algínico, 100
aditivo, 97
Adrià, Ferran, 19, 98
aerogel, 74-5
aerossol, 119
ágar-ágar, 93, 96, 97, 98, 127
agitação térmica, 82
agregado, 119
água de massa folhada, 134
"al dente", 61
albumina, 53-4, 58
alcatra de vitela, 52
alcatra perfeita, 60
algas, 90, 97
alginato, 95, 97, 98-9
antocianinos, 87, 89

B52, 95
balança de precisão, 94
banho-maria, 67
base, básico, 64
bavaroise, 132-3
Bellini, 104
bolo de chocolate, 127

calaza, 49
carbonato, 63
carne, 52-3
carragenina, 93, 97
caseína, 129
celulose, 61-2, 66
centrifugação, 133
chocolate, 26, 58, 121
clara de ovo, 33-4, 72
clorofila, 64, 65-6
coagulação, 41, 42, 45, 53-4, 78

coesão, 82
colágeno, 54-7
coloides, 116, 118-9
confeitaria líquida, 134
coquetel, 95, 101, 124
cor, 59, 64, 89
cozimento, cocção, 46, 52, 54, 67
creme chantili, 118, 128-9
cristalização, 71, 80

densidade, 49
desnaturação, 41
destilação, 37
digestão, 44
dinâmica culinária, 103-4
dureza da água, 65-6

E401-E404, E406, E407, 97
elastômero, 45
embalagem biodegradável, 105
emoção, 25-6
emulsão, 29, 108, 116, 118, 120
encapsulação, 98, 102
energia, 82
Escoffier, Auguste, 20
esferificação, 98, 101
espaguetes vegetais, 96
espuma, 117-8
estados da matéria, 70-2
    gasoso, 70
    líquido, 43, 69, 70, 72
    sólido, 43, 69, 70-1
exsudato, 58

feixe, 54
fermento químico, 89
flambagem, 37

Índice remissivo

floresta negra, doce, 127-8
fosfolipídio, 48-9

galantina, 81-82, 89-90
gás, 71
gel, 29, 30, 43, 69, 81, 83-4, 98, 118
gel químico, 73, 84
gelatina, 89-90
geleia, 81-2
gelificação, 45, 78-9, 94
gelificante, 78-9
gema de ovo, 34
gim-tônica, 101
gradiente térmico, 52

hemicelulose, 62
hidrólise, 54, 56

kanten, alga, 93

lecitina, 106, 109
legume, 60-1
limão, 87
líquido reoespessante, 121

maciez, 55
macromolécula, 84
maionese, 106, 108, 111, 112, 113, 116, 117
marinada, 91-2
micela, 109
miofibrila, 54-5
mudanças de estado, 83
músculo, 54-5, 59
musse, 29, 114-5, 117
    de cenoura, 128
    de chocolate, 130
    gelificada, 125

olfato, 91
osmose, 86, 88
ovo:
    clara, 33-4, 72
    cozido, 31
    gema, 34
    mexido a frio, 37
    quente frito cúbico, 51

pão de ló, 122, 126
pão de ló superfofo, 127
pectina, 43, 83-4, 85, 87
percolação, 77-9
pérolas de menta, 103
pérolas de sabor, 98
pH, 64
polímero, 43-5, 62
polipeptídio, 43
polissacarídeo, 43, 44, 62, 84
Porto-Flip, coquetel, 37
pressão, 66, 83
proteína, 41, 42

quebradiço, 75-6

reação de Maillard, 30, 53, 59
reofludificante, 120
reologia, 12
resfriamento a vácuo, 127
reticulação, 43, 74

sólido, 71
suco de tomate incolor, 133-4
suculência, 58

temperatura, 66-7, 83
tempo de cocção/cozimento, 47-8
tensoativo, 106, 113, 117
Tequila Sunset, coquetel, 124
textura, 90, 91
This, Hervé, 21, 76

vácuo, 68
vinagrete, 123
vitamina, 63, 67

CONHEÇA OUTROS TÍTULOS RELACIONADOS

O que Einstein disse a seu cozinheiro
Vol.1: A ciência na cozinha
Robert L. Wolke

Você sabia que nem todo o álcool evapora quando se cozinha com cerveja ou vinho? E por que nada gruda em uma frigideira antiaderente? Ou o que faz as gorduras ficarem rançosas?

Em mais de 100 pares de perguntas e respostas que podem ser consultados independentemente, esse livro explica, com muito bom humor, a ciência da cozinha.

Acessível e inteligente, descarta informações e mitos que passaram do prazo de validade e ajuda você a interpretar rótulos e propagandas. Deliciosas receitas criadas especialmente para demonstrar princípios científicos, dicas, um glossário e sugestões de leitura complementam o banquete.

O que Einstein disse a seu cozinheiro
Vol.2: Mais ciência na cozinha
Robert L. Wolke

O autor responde às mais diversas perguntas dirigidas a ele em sua coluna no *Washington Post*, "Food 101", sobre a ciência dos alimentos — de quando são produzidos até entrarem na cozinha e serem servidos à mesa. O livro inclui ainda 35 receitas elaboradas especialmente para ilustrar os fenômenos científicos.

Aprenda a evitar que o cheiro das comidas se espalhe na geladeira, a deixar os legumes verdinhos depois de cozidos, a escolher as bananas menos calóricas, a tirar manchas de vinho da toalha de mesa, e muito mais!

Dicas para cozinhar bem
Um guia para aproveitar melhor alimentos e receitas
Harold McGee

Harold McGee é consultor de chefs pelo mundo todo. Há mais de trinta anos, se dedica aos mistérios e delícias da cozinha. Cozinhar para ele é "uma das atividades mais prazerosas da nossa vida". Com todo esse conhecimento e dedicação, preparou um guia culinário útil e abrangente, que vai da feira à mesa, e virou uma bíblia para todos aqueles que querem se aventurar entre fogões, pratos e alimentos mil. Um livro que explica o que são os alimentos, como o ato de cozinhar os transforma e quais métodos funcionam melhor e por quê.

A cozinha vegetariana para todos
Mais de 550 receitas de dar água na boca
Rose Elliot

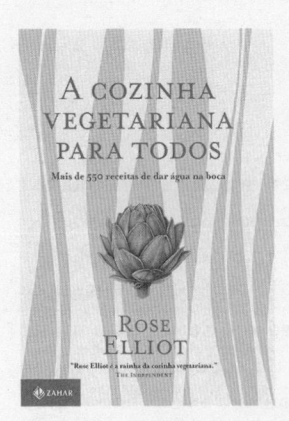

Quem torce o nariz para qualquer prato vegetariano não conhece as receitas que fizeram a inglesa Rose Elliot famosa no mundo inteiro. Rose já escreveu mais de 60 livros com receitas vegetarianas, que já venderam mais de três milhões de exemplares. *A cozinha vegetariana para todos* é a versão atualizada e adaptada ao contexto brasileiro de seu maior best-seller. São mais de 550 receitas de sopas, massas de fácil preparo, bolos, tortas, entradas, saladas. Comida saudável e deliciosa para quem é vegetariano, vegan ou simplesmente gosta de fazer pratos saborosos. Com capa dura e ilustrações inspiradoras, ele chega para não sair mais da sua cozinha.

Salada para todos
Deliciosas refeições completas
Jeanne Kelley

Receitas fantásticas que colocam as saladas no centro da mesa

Uma salada bem-feita é um prato convidativo em qualquer cardápio. Usando a combinação certa ela pode ser uma refeição completa: seja vegetariana, com aves, carnes, peixes ou frutos do mar. Esse livro ensina a tornar a salada o prato principal. Da escolha dos alimentos à composição ideal dos ingredientes selecionados, entre folhas, legumes, grãos, frutas, raízes e proteínas, além de temperos e molhos que agradarão aos mais diversos paladares.

Especialista em cozinha sustentável, Jeanne Kelley prepara ainda uma pequena cartilha com dicas práticas sobre como lavar e armazenar corretamente as hortaliças, como plantar uma horta caseira, reutilizar molhos, montar sua despensa e muito mais.

Conecte-se à Zahar e tenha acesso a mais informações sobre os livros que publicamos.

zahar.com.br   /editorazahar   @editorazahar
@editorazahar   /editorazahar

Algumas peças, pequenos textos, ensaios e contos também se encontram no selo digital Expresso Zahar.
http://www.zahar.com.br/expressozahar

1ª EDIÇÃO [2016] 3 reimpressões

ESTA OBRA FOI COMPOSTA POR MARI TABOADA EM
DANTE PRO E IMPRESSA EM OFSETE PELA GRÁFICA BARTIRA
SOBRE PAPEL PÓLEN NATURAL DA SUZANO S.A. PARA
A EDITORA SCHWARCZ EM MAIO DE 2023

A marca FSC® é a garantia de que a madeira utilizada na fabricação do papel deste livro provém de florestas que foram gerenciadas de maneira ambientalmente correta, socialmente justa e economicamente viável, além de outras fontes de origem controlada.